AF669803

EUL VERLAG

MARKETING

Herausgegeben von Prof. Dr. Heribert Gierl, Augsburg, Prof. Dr. Roland Helm, Jena, Prof. Dr. Frank Huber, Mainz, und Prof. Dr. Henrik Sattler, Hamburg

Band 42
Frank Huber, Frederik Meyer, Johannes Vogel und Julia Zimmermann
Co-Branding als Konzept zur Stärkung von Marken – Eine empirische Analyse im Konsumgütermarkt
Lohmar – Köln 2009 • 208 S. • € 49,- (D) • ISBN 978-3-89936-798-0

Band 43
Frank Huber, Johannes Vogel, Isabel Matthes und Sören Köcher
Der paralysierte Konsument – Eine empirische Studie zur Unentschlossenheit bei der Wahl von Mobilfunktarifen
Lohmar – Köln 2009 • 148 S. • € 43,- (D) • ISBN 978-3-89936-829-1

Band 44
Frank Huber, Frederik Meyer und Corinna Nachtigall
Guerilla-Marketing als kreative Werbeform – Eine empirische Analyse am Beispiel der Marke MINI
Lohmar – Köln 2009 • 148 S. • € 43,- (D) • ISBN 978-3-89936-837-6

Band 45
Frank Huber, Stefanie Regier und Patrick Kissel
Kunden zu Fans machen – Markenloyalität in virtuellen Brand Communities
Lohmar – Köln 2009 • 176 S. • € 48,- (D) • ISBN 978-3-89936-852-9

Band 46
Frank Huber, Johannes Vogel, Frederik Meyer und Bernd Binar
Marken mit In-Game Advertising emotionalisieren – Eine empirische Analyse des Shootingstars der Werbebranche
Lohmar – Köln 2009 • 152 S. • € 43,- (D) • ISBN 978-3-89936-853-6

Band 47
Nadine Andratschke, Stefanie Regier und Frank Huber
Employer Branding als Erfolgsfaktor – Eine conjoint-analytische Untersuchung
Lohmar – Köln 2009 • 180 S. • € 48,- (D) • ISBN 978-3-89936-859-8

JOSEF EUL VERLAG

Reihe: Marketing · Band 47

Herausgegeben von Prof. Dr. Heribert Gierl, Augsburg, Prof. Dr. Roland Helm, Jena, Prof. Dr. Frank Huber, Mainz, und Prof. Dr. Henrik Sattler, Hamburg

Nadine Andratschke
Dr. Stefanie Regier und
Prof. Dr. Frank Huber

Employer Branding als Erfolgsfaktor

Eine conjoint-analytische Untersuchung

EUL VERLAG

Bibliografische Information der Deutschen Nationalbibliothek

Die Deutsche Nationalbibliothek verzeichnet diese Publikation in der Deutschen Nationalbibliografie; detaillierte bibliografische Daten sind im Internet über <http://dnb.d-nb.de> abrufbar.

ISBN 978-3-89936-859-8
1. Auflage November 2009

© JOSEF EUL VERLAG GmbH, Lohmar – Köln, 2009
Alle Rechte vorbehalten

JOSEF EUL VERLAG GmbH
Brandsberg 6
53797 Lohmar
Tel.: 0 22 05 / 90 10 6-6
Fax: 0 22 05 / 90 10 6-88
E-Mail: info@eul-verlag.de
http://www.eul-verlag.de

Bei der Herstellung unserer Bücher möchten wir die Umwelt schonen. Dieses Buch ist daher auf säurefreiem, 100% chlorfrei gebleichtem, alterungsbeständigem Papier nach DIN 6738 gedruckt.

Vorwort

Trotz tiefgreifender Weltwirtschaftskrise und steigender Arbeitslosigkeit warnen Experten vor einem anhaltenden Fachkräftemangel, der die Wettbewerbsfähigkeit Deutschlands gravierend beeinflussen wird. So können die Hochschulen den Bedarf an qualifizierten Arbeitskräften, die vor allem zur Erschließung neuer Märkte und Überwindung der Krise notwendig wären, nicht abdecken. Ein mittelfristig gravierender, qualifikationsübergreifender Akademikerengpass ist vorprogrammiert und schürt den Wettbewerb nach Talenten.

Steigender Wettbewerbsdruck sowie knappe Personalressourcen führen dazu, dass die Bedeutung der Marke auf dem Arbeitsmarkt immer mehr in den Fokus der Betrachtung rückt. Die Lösung liegt in einer einheitlichen internen und externen Kommunikation des Unternehmens als Arbeitgeber durch Aufbau einer einzigartigen Employer Brand. Diese wird im Rahmen des Employer Branding Ansatzes in den Unternehmensprozess integriert und soll zu einer Wahrnehmung des Arbeitgebers als „Employer of Choice“ beitragen. Mit einer positiven Außenwahrnehmung des Unternehmens als exzellentem Arbeitgeber kann dem steigenden Wettbewerb um die kommenden Führungskräfte entgegen gewirkt und das Humankapital langfristig gesichert werden.

Die vorliegende empirische Studie verdeutlicht den Einfluss der Employer Brand auf den Arbeitgeberwahlprozess. Dabei wird untersucht, inwieweit das Image eines Arbeitgebers die Wahrnehmung und Beurteilung eines Arbeitsverhältnisses als auch die intrapersonellen Entscheidungsprozesse eines potentiellen Arbeitnehmers beeinflusst.

Mainz im Oktober 2009

Nadine Andratschke
Stefanie Regier
Frank Huber

Inhaltsverzeichnis

Abbildungsverzeichnis

Tabellenverzeichnis

Abkürzungsverzeichnis

ACA:	Adaptive Conjoint-Analyse
DBW:	Die Betriebswirtschaft
ggü.:	gegenüber
H:	Hypothese
Pkt.:	Punkte
Rg.:	Rangwert
SD:	Semantisches Differential
ZfbF:	Zeitschrift für betriebswirtschaftliche Forschung
ZFP:	Zeitschrift für Forschung und Praxis

1 Einleitung

In der heutigen Zeit ist die Marke und die damit verbundene Markenführung unbestritten Bestandteil des Unternehmenserfolgs (Kernstock et Al. 2004, S. 2 ff.). Vor allem auf dem Arbeitsmarkt rückt die Bedeutung der Marke immer mehr in den Fokus von Wissenschaft und Praxis (Bierwirth 2003, S. 4; Meffert und Bierwirth 2005, S. 144). Der Grund hierfür liegt in den immer größer und komplexer werdenden Herausforderungen, denen Unternehmen gegenüber stehen (Meffert und Bierwirth 2005, S. 144). So sehen sich Unternehmen nicht nur auf Produktmärkten, sondern auch zunehmend auf dem Arbeitsmarkt mit einem intensiven Wettbewerbsumfeld konfrontiert. Es ist anzunehmen, dass der Wettbewerb nach Talenten in den kommenden Jahren hitziger sein wird als jener nach Konsumenten (Ewing et Al. 2002, S. 8). Bereits für das Jahr 2006 konnten 165.000 Stellen gar nicht und 65.000 Stellen erst mit Zeitverzögerung besetzt werden (Koppel 2008, S. 10).

Dieser mittelfristig gravierende, qualifikationsübergreifende Akademikerengpass[1] kann auf mehrere Faktoren zurückgeführt werden (Koppel 2008, S. 3; Reinberg und Hummel 2003, S. 1). Zum einen verlangt der technische Fortschritt immer höhere Qualifikationsanforderungen. Anspruchsvollere Tätigkeiten führen zu einem Nachfrageanstieg nach qualifizierten Mitarbeitern und einem Rückgang der Nachfrage nach geringqualifiziertem Personal (Schimmelpfennig 2000, S. 33). Die Aufgabenbereiche werden immer komplexer und erfordern vor allem innovative, leistungsstarke und flexible Mitarbeiter (Kölling und Möller 2002, S. 173 f.). Die Globalisierung verstärkt diesen Effekt, da Produkte, welche einfache Produktionsschritte erfordern, importiert werden und somit keine Arbeitsplätze für Geringqualifizierte schaffen. Zum Export bestimmte High Quality Produkte werden im Inland gefertigt und führen demnach zu einer höheren Nachfrage nach qualifizierten Kräften (Heitger et Al. 1999, S. 26 f.). Dem steigenden Bedarf an Fachkräften steht schon gegenwärtig ein

[1] Akademiker beinhalten Absolventen von Fachhochschulen und Universitäten (Anger 2007, S. 1).

nicht ausreichendes Angebot an Akademikern gegenüber, das sich in den nächsten Jahren noch weiter verringern wird. Die demographische Entwicklung in Deutschland wird dazu führen, dass der Akademikerbestand immer älter wird und die nachrückende Generation von Akademikern die ausscheidenden Führungskräfte nicht mehr abdecken kann (Plünnecke 2004, S. 7 f.).

Da Mitarbeiter eine der bedeutendsten Ressourcen für ein Unternehmen darstellen (Vollmer 1993, S. 180), müssen Ansätze und Strategien implementiert werden, welche Unternehmen für den „War for Talents“ wappnen. Im Kampf um den Kunden werden Produktmarken aufgebaut, analog dazu muss man nun im Kampf um Talente Arbeitgebermarken (Employer Brand) aufbauen (Ewing et Al. 2002, S. 8). Gelingt es einem Unternehmen, sich als Arbeitgeber klar in Form eines Employer Image zu positionieren, dann steigt seine Arbeitgeberattraktivität, ungeachtet der Firmengröße oder der Produktbekanntheit. Beste Beispiele sind Pricewaterhouse-Coopers oder auch die Boston Consulting Group, welche als sehr beliebte Arbeitgeber gelten, obwohl sie kaum greifbare Produkte vorweisen und wenig Medienpräsenz aufweisen (Gloger 2001, S. 101). Der Schlüssel dieses Erfolges liegt in der Implementierung des Employer Branding Ansatzes in den Führungsprozess des Unternehmens. Eine einheitliche interne und externe Kommunikation des Unternehmens als Arbeitgeber durch Aufbau einer einzigartigen Employer Brand soll zu einer Wahrnehmung des Arbeitgebers als „Employer of Choice“[2] beitragen (Backhaus und Tikoo 2004, S. 501 f.; Berthon et Al. 2005, S. 153, Ewing et Al. 2002, S. 12).

Grundlage dieser Abhandlung ist die Untersuchung der Wirkungsweise einer Employer Brand. Es soll geprüft werden, inwieweit ein positiver Einfluss der Employer Brand auf die Attraktivität eines Arbeitgebers bestätigt werden kann und somit die Rekrutierung von qualifizierten Mitarbeitern erleichtert. In Kapitel

[2] Dieser Status wird dann erreicht, wenn man unter Absolventen und Arbeitssuchenden bei der Stellensuche die erste Wahl ist (Zaugg 2002, S. 13; Petkovic 2007, S. 60).

2 werden die grundlegenden Begriffe für die weitere Untersuchung abgegrenzt. Nachfolgend wird ausgearbeitet, welche Ziele aus Arbeitnehmer- und Arbeitgebersicht durch Aufbau einer Employer Brand erreicht werden können. Auf Grundlage der identitätsorientierten Markenführung wird der Ansatz des Employer Branding abgeleitet, welcher dann in Kapitel 3 detailliert betrachtet wird. Dort soll zudem verstärkt auf die Rolle der Corporate Identity und des Corporate Image im Employer Branding Prozess eingegangen werden. Das Image eines Arbeitgebers stellt sich als das für die Präferenzbildung entscheidende Konstrukt heraus und bedarf deswegen einer näheren Betrachtung (Kap. 3.2). Da der Fokus der Studie auf der Gewinnung neuer Mitarbeiter liegt, erfolgt eine Verknüpfung zwischen Stellenwahlprozess und Wirkung des Employer Image. Diese Vorgehensweise ermöglicht es, Ansatzpunkte für die Wirkungsweise des Employer Image auf den Entscheidungsprozess zu erlangen. Mit Abschluss von Kapitel 3.2 wird die Wirkungsweise des Employer Branding sowie die Wirkung des daraus entstehenden Employer Image offengelegt. Vor der empirischen Untersuchung erfolgt in Kapitel 3.3 eine theoretische Fundierung der Wirkung einer Employer Brand. Mithilfe der neuen Institutionenökonomik sowie verhaltenswissenschaftlicher Ansätze wird die bereits attestierte Wirkung des Employer Image untermauert. Nach der theoretischen Untersuchung folgt in Kapital 4 die empirische Untersuchung der Employer Brand. Diese besteht aus einer conjoint-analytischen Studie zum Stellenwahlprozess anhand ausgewählter Arbeitgebermerkmale, welche die Präferenzstruktur der Befragten offenlegen. Das Employer Image wird hier stellvertretend in Form ausgewählter Arbeitgeber verkörpert. Um die aus der Theorie abgeleiteten Annahmen vollständig untersuchen zu können, erfolgt ebenso eine Image-, Einstellungs- und Persönlichkeitsmessung der Arbeitgeber. Die Ergebnisse der empirischen Untersuchung werden dann hinsichtlich der Bedeutung des Employer Image für die Präferenzbildung bei potentiellen Mitarbeitern ausgewertet und dienen abschließend zur Ableitung von Handlungsempfehlungen. Das Schlusskapitel beinhaltet sowohl einen kurzen Rückblick auf die Ergebnisse der durchgeführten Studie, als auch einen Ausblick

über die bevorstehenden Aufgaben des Managements zur Implementierung einer Employer Brand.

2 Grundlagen des Employer Branding

2.1 Definition des Employer Branding

2.1.1 Einordnung der Employer Brand in das Markenkonstrukt

In der Marketingliteratur existiert eine Vielzahl von Markendefinitionen, die jedoch im Kern die gleiche Bedeutung inne haben. So wird eine Marke als „Name, Begriff, Zeichen, Symbol, eine Gestaltungsform oder eine Kombination aus diesen Bestandteilen zum Zwecke der Kennzeichnung der Produkte oder Dienstleistungen eines Anbieters oder einer Anbietergruppe und der Differenzierung gegenüber Konkurrenzangeboten“ (Kotler und Bliemel 2001, S. 736) beschrieben. Die Funktion einer Marke besteht in dem Aufbau einer emotionalen Verbindung zwischen dem Träger der Marke und dem Empfänger, so dass eine starke Zuneigung und Loyalität entsteht (Bergstrom et Al. 2002, S. 134). Die Marke wird dementsprechend auch allgemein als ein in der Psyche der Konsumenten und sonstiger Bezugsgruppen „fest verankertes, unverwechselbares Vorstellungsbild von einem Produkt oder einer Dienstleistung“ verstanden (Meffert et Al. 2002, S.6). Auch ein Unternehmen kann Gegenstand eines solchen Vorstellungsbildes sein und somit Markencharakter aufweisen (Meffert 2002, S. 18 f.; Meffert und Bierwirth 2005, S. 147).

Während Produktmarken sich jedoch primär an Kunden ausrichten, ist ein wirklich wesentliches Kennzeichen der Unternehmensmarke bzw. der *Corporate Brand* ihre breite Ausrichtung an den Anspruchsgruppen. (Kernstock et Al. 2004, S. 7). Aufgrund der abweichenden Erwartungen der unterschiedlichen Anspruchsgruppen müssen Informationen so zur Verfügung gestellt werden, dass bei allen Anspruchsgruppen das gleiche Image der Corporate verankert wird (Kernstock et Al. 2004, S. 10). Aufgrund dessen gilt die Corporate Brand nicht als homogenes Gebilde, „sondern muss aus dem Blickwinkel der verschiedensten Anspruchsgruppen eines Unternehmens teilweise auch unterschiedlich akzentuiert werden” (Wiese 2005, S. 24). Zu den Anspruchsgruppen, auch Stakeholder genannt, gehören diejenigen Gruppen oder Individuen, welche die Zielerreichung eines Unternehmens beeinflussen oder durch diese beeinflusst werden (Freeman 1984, S. 46). Dazu zählt neben Lieferanten, Investoren, Kunden sowie Aktionären auch die Gruppe der Arbeitnehmer.

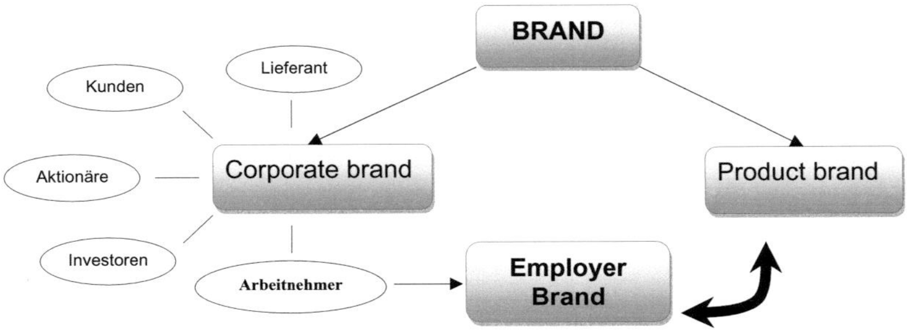

Abb. 2.1: Das Markenkonstrukt

Vor diesem Hintergrund gewinnt die *Employer Brand*, auch Arbeitgebermarke genannt, an Bedeutung. Die Employer Brand etabliert die Identität eines Unternehmens als Arbeitgeber (Backhaus und Tikoo 2004, S. 502 in Anlehnung an das Conference Board 2001). Sie kommuniziert die Grundwerte der Firma, ihre Organisation, ihre Grundregeln und ihr Verhalten im Zusammenhang mit den Zielen der Gewinnung, Motivation und Bindung von Mitarbeitern (Gloger 2001, S. 102). Die Employer Brand soll dabei vor allem die Attraktivität des Arbeitgebers bei potentiellen Nachwuchskräften steigern, in dem sie dem arbeitsplatzanbietenden Unternehmen ein einzigartiges Profil verleiht (Donath 2001, S. 7 f.) und sich somit von den Wettbewerbern differenziert (Backhaus und Tikoo 2004, S. 502). Sie kann vor allem als Signal für diejenigen Arbeitgeberfaktoren angesehen werden, welche ohne direkte Erfahrung von Außenstehenden nicht erkennbar sind (Petkovic 2007, S. 45). Der Begriff der Employer Brand wurde 1996 erstmals von Ambler und Barrow ins Leben gerufen, welche diese als „the package of functional, economic and psychological benefits provided by employment and identified with the employing company"

(Ambler und Barrow 1996, S. 187) definiert haben. Zu beachten gilt, dass Product Brand und Employer Brand eines Unternehmens, obwohl Sie auf vollkommen unterschiedlichen Märkten konkurrieren, durchaus in Beziehung zueinander stehen. Liegt der Fokus bei der Product Brand einzig auf dem Produkt und dem Service, so gilt für die Employer Brand das Talent und Commitment als Wegweiser. Eine starke Produktmarke kann aber dazu führen, dass ein Unternehmen automatisch auch als attraktiver Arbeitgeber wahrgenommen wird. Ebenso können engagierte Unternehmensmitarbeiter einen positiven Einfluss auf die Außenwirkung des Unternehmens und somit auch dessen Produkte nehmen (Barrow und Mosley 2005, S. 110 f.).

2.1.2 Employer Image

Wie im vorherigen Abschnitt erläutert, dient die Employer Brand der Positionierung eines Unternehmens auf dem Arbeitsmarkt. Letztendlich geht es beim Aufbau einer Marke immer um die Kommunikation zwischen Sender, in diesem Fall dem Arbeitgeber, und Empfänger, hier aktuellen und potentiellen Mitarbeitern. Im Falle einer Employer Brand liegt der Fokus im Hervorbringen eines Images, welches das Unternehmen als einen „good place to work“ darstellt (Sullivan 2004, o. S.). Um die Wirkung und Effektivität einer Employer Brand untersuchen zu können, muss man sich demzufolge in die Betrachtungsperspektive des Empfängers versetzen. Deswegen soll im folgenden Abschnitt kurz auf den Begriff des *Employer Image* eingegangen werden, das dann im späteren Verlauf der Untersuchung noch im Detail erläutert wird.

Images entsprechen der „Summe aller relevanten Vorstellungen, Einstellungen sowie der entsprechenden Verhaltensabsichten, welche ein Individuum gegenüber Branchen, Firmen oder Produkten usw., also vor allem apersonalen Meinungsgegenständen hat“ (Fopp 1975, S. 40). Bei einem Image handelt sich um ein Fremdbild, dass sich ein Außenstehender von einem Objekt macht (Birkigt et Al. 1998, S. 23). Ein Meinungsgegenstand an sich besitzt demnach kein Image. Das Image entsteht erst durch den jeweiligen Betrachter (Kroeber-Riehl und Weinberg 1996, S. 196; Teufer 1999, S. 129). Bei einem Image handelt es sich folglich um einen von subjektiven Gefühlen, Einstellungen und Gerüchten geprägten Sachverhalt, dessen objektive Beschaffenheit gar nicht oder nur schwer erkennbar ist (Henzler 1975, Sp. 1565). Spricht man von einem Markenimage, dann handelt es sich um bewusste, aber auch unbewusste Einstellungen und Erfahrungen, welche Personen von einer Marke haben (Essig et Al. 2003, S. 85).

Analog zum Markenkonstrukt gibt es unterschiedliche Imagearten, darunter auch das Personalimage. Der Begriff des Personalimages wurde von Henzler (1975, Sp. 1565) geprägt, der dieses als Vorstellungsbild, welches sich Menschen im Arbeitsmarkt über ein Unternehmen als Arbeitgeber gebildet haben, definiert. Es handelt sich demzufolge um die „aggregierte Wahrnehmung eines Arbeitgebers durch eine Zielgruppe“ (Simon et Al. 1995, S. 103). Neben Henzler (1975) und Simon et Al. (1995) benutzt auch Lieber (1995) den Begriff des Personalimages. Synonym werden jedoch auch oft die Begriffe des Organizational Image, Arbeitgeberimages oder auch Employer Image zur subjektiven Bewertung eines Unternehmens als Arbeitgeber benutzt (Lieber 1995, S. 10; Teufer 1999, S. 133).

Im weiteren Verlauf wird der Begriff des Employer Image zugrunde gelegt und somit der Auffassung von Freimuth (1989, S. 43 f.) gefolgt. Diese nehmen eine klare Differenzierung von Personal- und Arbeitgeberimage vor. Nach Freimuth (1989) steht der Terminus „Personalimage“ ausschließlich für Maßnahmen der Personalpolitik zur Motivation der Mitarbeiter. Da das Arbeitgeberimage jedoch die Wahrnehmung einer Unternehmung als Arbeitgeber umfasst, ist dieses weitaus umfassender. So bilden sich nicht nur aktuelle Mitarbeiter eine Meinung über ein Unternehmen als Arbeitgeber, sondern ebenso potentielle Interessenten. Diese fallen nach Definition des Personalimages von Freimuth (1989) aus der Betrachtung. Neben Fopp (1975) schließt sich auch Teufer

(1999) der Benutzung des Terminus „Arbeitgeber“ bzw. „Employer Image“ an. Denn wie Teufer (1999, S. 133) schon passend schrieb: es handelt sich nicht um das Image des Personals, sondern um das als Arbeitgeber.

2.1.3 Employer Branding und seine Rolle im Unternehmenskontext

In der Literatur wird häufig der Begriff des Employer Branding gebraucht. Dieser kann nicht mit der Employer Brand gleichgesetzt werden, sondern bedarf einer klaren Abgrenzung. Der Terminus *Branding* kann allgemein als Führungsprozess einer Marke verstanden werden, welcher die „zielgerichtete Planung, Koordination und Kontrolle aller Aktivitäten bzw. Gestaltungsparameter“ (Bierwirth 2003, S. 18 in Anlehnung an Meffert 2000, S. 847). Durch den Branding-Prozess soll einem Produkt oder Service eine höhere emotionale Bedeutung zukommen und eine Erhöhung des Nutzens für die Stakeholder bewirken (Bergstrom et Al. 2002, S. 134). Obwohl Unternehmen ihren Fokus bei der Markenbildung auf Produkt- und Unternehmensmarken legen, kann Branding ebenso im Human Resource Management genutzt werden (Backhaus und Tikoo 2004, S. 501).

Employer Branding wird, abgeleitet aus der Branding-Definition, als eine zielgerichtete langfristige Strategie verstanden, die das Bewusstsein und die Wahrnehmung von Mitarbeitern, potentiellen Mitarbeitern und den betreffenden Stakeholdern in Bezug auf eine bestimmte Firma führt und lenkt (Sullivan 2004, o. S.). Dabei besteht das primäre Ziel in der Kommunikation eines, sowohl inner- als auch außerhalb des Unternehmens, klaren Bildes, welches das Arbeitsverhältnis zu dem entsprechenden Unternehmen als wünschenswert und einzigartig darstellt (Backhaus und Tikoo 2004, S. 502, Berthon et Al. 2005, S. 153, Ewing et al 2002, S. 12). Erreicht wird dies über den Aufbau einer individuellen Arbeitgeberidentität, welche wiederum zur Etablierung eines speziellen Employer Image bei bestimmten Zielgruppen beitragen soll (Gloger 2001, S. 102). Ergebnis ist ein, in den Köpfen der Zielpersonen verankertes, unverwechselbares Vorstellungsbild von einem Unternehmen als Arbeitgeber (Petkovic 2007, S. 73).

Gegenwärtig handelt es sich bei der Strategie des Employer Branding um einen relativ jungen Ansatz, welcher erst in den 90er Jahren durch Ambler und Barrow (1996) Einzug in die Marketingwelt hielt (Mosley 2007, S. 123). Trotzdem behaupten viele Kritiker, dass es sich hierbei nur um ein neues Buzz-Word[3] handelt, welches alten Wein in neuen Schläuchen präsentiert (Ewing et Al. 2002, S. 12). Demzufolge stimmt der Begriff des Employer Branding weitestgehend mit dem Begriff des Personalmarketing überein und stellt somit keinen neuen Ansatz dar (Zaugg 2002, S. 13).

2.2 Employer Branding vs. Personalmarketing

In der aktuellen Literatur existieren viele Definitionen für den Begriff des *Personalmarketings* und in den meisten Fällen unterscheiden sie sich erheblich hinsichtlich der Breite ihres Aufgabengebietes (Teufer 1999, S. 8). In der engen Sicht beinhaltet Personalmarketing ausschließlich die Rekrutierung neuer Mitarbeiter (Rastetter 1996, S. 105). Etwas weiter gefasst kann Personalmarketing zudem als Instrumentarium zur Gewinnung neuer Mitarbeiter, sowie zusätzlich zur Bindung aktueller Mitarbeiter verstanden werden. Somit kann eine Unterteilung in eine interne und externe Komponente erfolgen. Eine mitarbeiterorientierte Denkhaltung des gesamten Unternehmens ist die umfassendste Auslegung des Personalmarketingbegriffes. Hier orientiert sich die Personalarbeit an den Bedürfnissen und Erwartungen der gegenwärtigen und potentiellen Arbeitnehmer (Simon et Al. 1995, S. 13; Teufer 1999, S. 7). In der weiten Definition werden die Konzepte und Instrumente des Absatzmarketing auf den Personalbereich übertragen. Das Konzept des Personalmarketing basiert auf der Grundüberlegung, dass ein Arbeitgeber seine aktuellen und potentiellen Mitarbeiter als Kunden betrachtet und den Arbeitsplatz im Sinne ei-

[3] Englisch für Schlagwort

nes Produktes vermarkten muss. Ziel ist die Bindung, Motivation und Gewinnung von Mitarbeitern unter der Voraussetzung, dass man die Anforderungen der Mitarbeiter besser erfüllt als die Konkurrenz (Simon et Al. 1995, S. 13; Teufer 1999, S. 7). Denn durch den fortwährenden Fachkräftemangel suchen sich Arbeitnehmer häufig ihren Arbeitgeber aus und nicht umgekehrt (Teufer 1999, S. 7).

Es lassen sich folglich zwei Teilbereiche des Personalmarketing festhalten. Zum einem eine nach innen gerichtete mitarbeiterorientierte Personalpolitik und zum anderen eine externe Personalpolitik, welche sich mit den Bereichen Personalbeschaffung, Personalwerbung und Personalimagewerbung befasst (Teufer 1999, S. 12). Die breite Ausrichtung des Personalmarketings verdeutlicht dessen strategischen Aspekt und ist durchaus mit dem Wesen des Employer Branding vergleichbar. In Literatur und Praxis beschränkt man sich jedoch bislang ausschließlich auf die Instrumente des Personalmarketings (Gmür 2002, S. 12) und weniger auf dessen strategisches Potential. Deswegen kann man die kritischen Äußerungen bzgl. dem Terminus Employer Branding zurückweisen, denn es ist positiv zu bewerten, wenn vergessene Dinge durch neue Richtungen wieder Aufmerksamkeit erlangen (Ewing et Al. 2002, S. 12). Zudem wurde das Personalmarketing bisher lediglich als isolierter Aufgabenbereich im Unternehmen angesehen. Die Ziele des Employer Branding sind für Unternehmen nicht neu, die Einbettung des Employer Branding in ein strategisches Gesamtkonzept hingegen schon (Bleis 1992, S. 104). Daher ist die Ausformung des Employer Branding auf einem systematischen und langfristig ausgerichteten Prozess des Personalmarketings eine wichtige Voraussetzung für die Zielerreichung (Zaugg 2002, S. 18). Denn beim Employer Branding handelt es sich um einen „more focused approach to the ‘people strategy’ the organization has always had" (Walsh 1998, S. 16).

2.3 Hauptziele des Employer Branding

Im Wesentlichen existieren drei Hauptziele, die durch Employer Branding erreicht werden sollen. Zum einen soll eine Employer Brand die Attraktivität eines Arbeitgebers bei den potentiellen Mitarbeitern steigern, indem sie dem arbeitsplatzanbietenden Unternehmen ein einzigartiges Profil verleiht (Donath 2001, S. 7 f.). Ein großer Aufgabenbereich fällt demzufolge auf die *Gewinnung* neuer Mitarbeiter. Das Employer Branding beinhaltet jedoch nicht nur einen externen, sondern auch einen internen Fokus, denn „über die Akquisition neuer Mitarbeiter hinaus, nimmt ein als Marke empfundener Arbeitgeber Einfluss auf die vorhandenen Mitarbeiter" (Petkovic 2007, S. 42). Durch den Aufbau eines einzigartigen Arbeitgeberprofils besteht die Möglichkeit, die *Motivation* und Leistungsbereitschaft aktueller Mitarbeiter zu steigern. Alleiniger Auslöser dieser Leistungssteigerung ist die Chance, in solch einem Unternehmen zu arbeiten (Donath 2001, S. 7 f.). Eine hohe Arbeitszufriedenheit und Motivation senkt die Wechselbereitschaft der Arbeitnehmer und soll folglich zu einer höheren *Bindung* und Loyalität der Mitarbeiter an das Unternehmen führen (Ritson 2002, S. 18).

Die Etablierung eines Employer Branding Ansatzes in Zusammenarbeit mit dem strategischen Personalmarketing soll auf lange Frist folgende Ziele sichern (Hunt und Landry o. J., S. 34):

- Gewinnung bzw. Rekrutierung potentieller Mitarbeiter,
- Motivation und Bindung aktueller Mitarbeiter,
- „Employer of Choice" werden.

Der Fokus dieser Untersuchung liegt auf der Ermittlung der Wirkung einer Employer Brand hinsichtlich der Gewinnung neuer Mitarbeiter. Im weiteren Verlauf wird ersichtlich, dass man sich nicht nur isoliert auf die Erreichung eines Ziels konzentrieren kann, sondern dass vielmehr ein enger Zusammenhang zwischen den Zielen besteht (s. Ausführungen Kap. 3). Demzufolge sind

Erläuterungen, welche nicht nur auf potentielle Mitarbeiter, sondern auch auf aktuelle Mitarbeiter Bezug nehmen, unvermeidbar.

Grundlage für die Wirkungsanalyse einer Employer Brand ist der funktionsorientierte Ansatz von Koppelmann (1994, S. 222 ff.). Nach dem funktionsorientierten Ansatz erfüllt jede Marke für jeden Marktteilnehmer eine bestimmte Funktion. Bei der Employer Brand bestehen die beiden Marktteilnehmer aus dem Arbeitgeber und dem Arbeitnehmer. Beide Seiten sollen aus der Existenz einer Employer Brand einen Nutzen ziehen können (Pflaum 2002, S. 282). Im folgenden Abschnitt werden für Arbeitgeber- und Arbeitnehmerseite jeweils drei Funktionen der Employer Brand herausgearbeitet, wobei es in der Literatur rege Auseinandersetzungen über die Anzahl der möglichen Funktionen einer Marke gibt (Petkovic 2007, S. 59). Da sich die Grundidee von Image und Marke decken (nämlich homogene Objekte zu heterogenisieren und somit differenzierbar zu machen) gibt es auch bei Ausführung der Funktionen Überschneidungen (Essig et Al. 2003, S. 88). Es ist demzufolge möglich, dass Funktionselemente des Images in die Analyse übernommen werden.

2.4 Funktionsorientiertes Verständnis der Employer Brand

2.4.1 Aus Arbeitgebersicht

Präferenz

Zu den primären Funktionen einer Marke zählt die Bildung von Präferenzen bei der jeweiligen Zielgruppe (Esch 2003, S. 10). Die Employer Brand soll helfen, die Anonymität zu beseitigen und sich bei den entscheidenden Zielgruppen zu profilieren (Batz 1996, S. 207 f.; Johannsen 1971, S. 85 f.). Ziel dieses Profilierungsprozesses ist die Etablierung des Unternehmens als „Employer of Choice". Dieser Status wird dann erreicht, wenn man unter Absolventen und Arbeitssuchenden bei der Stellensuche die erste Wahl ist (Petkovic 2007, S. 59 f.; Zaugg 2002, S. 13). Die Employer Brand und die einhergehende Präferenzbildung spielen jedoch nicht nur bei der Arbeitgeberwahl, sondern ebenso bei den bereits vorhandenen Mitarbeiter im Unternehmen eine entscheidende Rolle. Hier übernimmt die Marke auch eine Bindungsfunktion (Pflaum 2002, S. 281). Die mit der Präferenzbildung verbundene Bindung aktueller Mitarbeiter ist auch aus finanzieller Sicht vorteilhaft. Aufgrund einer erhöhten Mitarbeiterloyalität sinkt die Fluktuationsrate und Rekrutierungs- und Einarbeitungskosten können gesenkt werden (Barrow und Mosley 2005, S. 69 f.; Petkovic 2007, S. 60; Ritson 2002, S. 18)

Differenzierung

Im engen Zusammenhang mit der Präferenzbildung von Marken steht ihre Differenzierungsfunktion. Beide Funktionen können nicht getrennt voneinander betrachtet werden, da eine Differenzierung von der Konkurrenz eine Präferenzbildung bei der Zielgruppe impliziert. Der Aufbau einer Marke hat zum Ziel, sich effektiv von der Konkurrenz abzuheben (Esch 2003, S. 1; Koppelmann 1994, S. 223 f.). Im Falle der Employer Brand möchte man sich von anderen Arbeitgebern insofern differenzieren, dass man als „Employer of Choice" wahrgenommen wird. Wenn man sich hinsichtlich seines Leistungsangebotes wenig oder überhaupt nicht von der Konkurrenz abheben kann, kommt die Differenzierungsfunktion einer Marke vor allem zum Tragen (Esch 2003 S. 155; Scholz 2000, S. 417 f.). Bestätigung findet die steigende Bedeutung von symbolischen Werten, bei fehlender Differenzierung von Wettbewerbern durch funktionelle Aspekte, auch in der Markenliteratur (Backhaus und Tikoo 2004, S. 506). Vor allem auf dem Arbeitsmarkt ähneln sich die von außen einsehbaren organisatorischen Gegebenheiten und Bedingungen für Arbeitnehmer zusehends und eine einzigartige Employer Brand übernimmt somit eine entscheidende Rolle bei der Arbeitgeberwahl. Denn durch sie bietet sich dem Arbeitgeber die Möglichkeit, die Individualität des Unternehmens, welche nur intern zu beobachten ist, zu kommunizieren (Petkovic 2007, S. 61 f.). Mit dem Imagebegriff als Pendant zum Markenbegriff findet sich die Differenzierungsfunktion auch dort wieder. So führt ein einzigartiges Employer Image zu einer Differenzierung von der Konkurrenz hinsichtlich der Wahrnehmung durch die aktuellen Mitarbeiter und Bewerber (Henseler 1977, S. 10 f.). Allgemein kann festgehalten werden, dass das Employer Image mit einer stetig abnehmender funktioneller Unterscheidbarkeit an Bedeutung gewinnt (Johannsen 1971, S. 87 f.).

Emotionalisierung

Wie bereits erwähnt, ist es aufgrund zusehends gleicher Arbeitsbedingungen notwendig, sich von der Konkurrenz zu differenzieren. Ein Markenkonzept zur Differenzierung von der Konkurrenz ist die Emotionalisierung. Hier versucht man, mangelndes kognitiv-rationales Differenzierungsvermögen durch eine emotional aufgeladene Marke zu kompensieren. (Koppelmann 1994, S. 225 f.; Meffert 2000, S. 113). Auch hier ist ein Zusammenhang zu den Gegebenheiten der Differenzierungsfunktion zu erkennen. Eine positive, emotional aufgeladene Arbeitgebermarke steigert die Sympathie für das Unternehmen und erhöht die Zufriedenheit bei aktuellen und potentiellen Mitarbeitern (Koppelmann 2001, S. 43). Eine Emotionalisierung der Employer Brand bedeutet in diesem Zusammenhang, dass der Name eines Arbeitgebers neben sachlichen Informationen zusätzlich noch ein bestimmtes Gefühl oder Bild auslöst (Petkovic 2007, S. 62 f.). Barrow und Mosley (2005, S. 59) haben festgehalten, dass die meisten Marken ihren Fokus verlagert haben. Lag der Mittelpunkt zuvor auf der Frage „what the brand does“, geht es nun vordergründig um die These „how it will make you feel“. Gerade das emotionelle Engagement ist zurzeit ein heißes Thema in der Arbeitswelt und zeigt, dass der psychologische Nutzen einer Employer Brand genauso entscheidend ist wie der eines Produktes oder Services. Daher sollte der Kommunikation des psychologischen Vertrags genau so viel Aufmerksamkeit geschenkt werden wie dem formellen Vertrag zwischen Arbeitnehmer und Arbeitgeber.

Es wird ersichtlich, dass zwischen allen drei Markenfunktionen eine Beziehung besteht. Mit dem Aufbau einer Employer Brand können, nach Skizzierung der Arbeitgeberfunktionen, zwei zuvor gesteckte Ziele erreicht werden. Zum einen ist es dem Arbeitgeber möglich, durch Differenzierung von der Konkurrenz und der Bildung von Präferenzen mit Hilfe der Emotionalisierung Aufmerksamkeit in der Zielgruppe zu erlangen und neue Mitarbeiter zu gewinnen. Des Weiteren kann die Bindung der Mitarbeiter an das Unternehmen erhöht und somit die langfristige Sicherung des Humankapitals erreicht werden. Möglich wird dies durch die Wahrnehmung der Employer Brand in Form eines Employer Image.

2.4.2 Aus Arbeitnehmersicht

Orientierung

Marken sowie Images nehmen eine Orientierungs- und Rationalisierungsfunktion ein (Johannsen 1971, S. 83 f.). Individuen können grundsätzlich nur eine begrenzte Anzahl an Informationen verarbeiten (Kroeber-Riel und Weinberg 1999, S. 224 ff.; Teufer 1999, S. 134) und werden daher zu einer vereinfachten Bezwingung der Realität gezwungen (Teufer 1999, S. 134). Marken und Images dienen hierbei als Orientierungsanker (Pflaum 2002, S. 281), welche zu einer Komplexitätsreduktion führen und die Entscheidungsfindung erleichtern (Kroeber-Riel und Weinberg 1999, S. 265). Die Realität wird durch die Vereinfachung einer Fülle von Informationen bzgl. des Objekts überschau- und bewertbar (Henseler 1977, S. 9 f.). Aufgrund der Intransparenz der Unternehmen als Arbeitgeber sind die Informationen, die ein Bewerber im Vorfeld über das Unternehmen sammeln kann, begrenzt (Kroeber-Riel und Weinberg 2003, S. 248 ff.). So haben die Bewerber in der frühen Bewerbungsphase meist nur rudimentäre Kenntnisse über eine große Fülle an Stellenangeboten (Simon et Al. 1995, S. 56 f.; Wiltinger 1997, S. 58 f.). Hier greift nun die Marke bzw. das daraus resultierende Image als Schlüsselinformation für den Arbeitnehmer (Wiese 2005, S. 25), welche die Informationen selektiert, vereinfacht und kategorisiert (Fopp 1975, S. 56 f.). Da Bewerber wenige Informationen über die spezifischen Jobgegebenheiten haben, halten Sie sich bei der Stellenauswahl lieber an globale Assoziationen (Image) hinsichtlich eines Unternehmens (Simon et Al. 1995, S. 56 f.).

Dem wahrgenommenen Employer Image kommt demnach eine besondere Bedeutung zu (Teufer 1999, S. 133), da dem Bewerber dadurch der Such- und Auswahlprozess erleichtert wird. Die Employer Brand dient als sogenannter „information chunk" und vermittelt dem Bewerber ein gezieltes Employer Image eines Unternehmens (Kroeber-Riel und Weinberg 2003, S. 248 ff.). Ein „information chunk" (Jacoby et Al. 1977) bewirkt, dass nicht jedes Merkmal einzeln beurteilt werden muss (Meffert 2000, S. 42 f.) und somit eine Informationsüberlastung vermieden werden kann (Raffee und Wiedmann 1989, S. 672). Durch den erleichterten Bewerbungsprozess verringert sich der Such- und Informationsaufwand und der Bewerber spart Transaktionskosten (Biel 2001, S. 69; Koppelmann 1994, S. 225).

Vertrauen

Wie bereits erläutert wurde, stehen Bewerbern bei der Stellensuche wenige Informationen über die jeweilige Arbeitssituation innerhalb einer Unternehmung zur Verfügung. Für den Bewerber stellt die Arbeitgeberwahl dementsprechend eine Risikoentscheidung dar, da er die vorherrschenden Arbeitsgegebenheiten aufgrund fehlender Informationen nicht einzuschätzen vermag (Petkovic 2007, S. 64). Die Employer Brand übernimmt hier eine Risikominimierungsfunktion (Burmann und Meffert 2007, S. 55; Burmann et Al. 2002, S. 9 f.; Koppelmann 1994, S. 225 f.). Auf Grundlage der Informationsökonomie (Hirshleifer und Riley 1979) können Informationsdefizite und daraus resultierende Verhaltensunsicherheiten durch eine Marke im Sinne eines Werteversprechens minimiert werden (Bierwirth 2003, S. 73).

Auch Henseler (1977, S. 9 f.) stellt fest, dass ein vorhandenes Image dem Entscheider das Gefühl von Sicherheit und Risikominimierung verleihen kann, wenn die Entscheidung mit einem Risiko verbunden ist. So ist es mithilfe des

Images möglich, eine Brücke in Form eines Vermittlers einzunehmen (Johannsen 1971, S. 86). Die Marke bzw. das Image verleiht ein gewisses Maß an Vertrauen, welches wiederum die Grundlage für die Reduzierung der Verhaltensunsicherheit induziert (Teufer 1999, S. 128). Die Employer Brand stellt einen Vertrauensanker bzgl. der Arbeitgeberqualität dar und gibt trotz Unwissenheit eine gewisse Sicherheit beim Entscheidungsprozess (Petkovic 2007, S. 65).

Identifikation

Sowohl die Wahl als auch die Loyalität eines Arbeitgebers hängt nicht nur vom Vorhandensein objektiver Unternehmens- und Arbeitsplatzfaktoren ab, „sondern wird im besonderen Maße von subjektiven, emotionalen Gefühlen beeinflusst“ (Petkovic 2007, S. 65). Eine Identifikation liegt dann vor, wenn der Arbeitgeber die gleichen Werte kommuniziert, die der Arbeitnehmer auch selbst verkörpert (Stuart 2001, S. 49). Die Employer Brand eines Unternehmens verkörpert bestimmte Wertvorstellungen, welche mit dem Eigenbild und Selbstverständnis des Arbeitnehmers übereinstimmen sollten (Burmann et Al. 2002, S. 11 f.). Dabei erhöht sich die Attraktivität eines Arbeitgebers mit zunehmender Übereinstimmung der Wertvorstellungen (Highhouse und Lievens 2003, S. 76; Tom 1971). Somit fungiert die Employer Brand zusätzlich als Self Selection Tool, in dem sich die Bewerber mit im Vergleich zum Unternehmen unterschiedlichen Wertvorstellungen selbst aussieben. Denn sowohl bei Arbeitgeber als auch Arbeitnehmer erhöht sich der Nutzen bei vorliegendem Wertematching (Petkovic 2007, S. 66). Es bewerben sich so zwar weniger Kandidaten, diese passen hinsichtlich ihrer Einstellungen jedoch besser zum Unternehmen. Zusätzlich nimmt die Anzahl an Initiativbewerbungen zu (Wiese 2005, S.28f.). So hat das Unternehmen durch deutlich abnehmende Bewerberzahlen Kosten- und Zeiteinsparungen bei der Bewerbersuche. Aufgrund der hohen Unternehmensattraktivität aus Sicht der Bewerber erreicht der Arbeitgeber zusätzlich Einsparungen in der langfristigen Entgeltentwicklung, da durch die wahrgenommene Attraktivität geringere Gehälter gezahlt werden können (Ritson 2002, S. 18).

Die Identifikation mit einer Marke oder auch einem Arbeitgeber führt nicht nur zu zufriedenen Mitarbeitern, sondern erfüllt zusätzlich noch eine Prestigefunktion. Durch die Zugehörigkeit zu einem Unternehmen kann der Wert der eigenen Persönlichkeit gesteigert und gegenüber dem sozialen Umfeld Prestige erlangt werden (Biel 2001, S. 69; Burmann und Meffert 2007, S. 55; Dutton et Al. 1994, S. 261; Johannsen 1971, S. 85; Meffert 2000, S. 847 f.). Das Employer Image kann hier als Mittler zur emotionalen Bedürfnisbefriedigung angesehen werden, welches den potentiellen und aktuellen Mitarbeitern einen emotionalen Zusatznutzen, in Form eines hohen Status durch Zugehörigkeit zu einem hochangesehenen Unternehmen, vermittelt (Henseler 1977, S. 180; Johannsen 1971, S. 84 f.). Dieser Motivationsschub führt zu einem höheren Engagement der Mitarbeiter und einer höheren Kundenzufriedenheit. Eine höhere Kundenzufriedenheit schlägt sich auch in die finanzielle Situation des Unternehmens wieder (Barrow und Mosley 2005, S. 71 ff.).

Wie einleitend zu diesem Kapital erklärt wurde, basiert das Verständnis des funktionsorientierten Ansatzes von Koppelmann (1994) auf der Annahme, dass jede Marke für die Marktteilnehmer gewisse Funktionen erfüllt. Die Analyse der Wirkungen zeigt, dass sowohl Arbeitgeber als auch Arbeitnehmer aus der Existenz einer Employer Brand, u.a. als Informations- oder Einsparquelle, einen Nutzen ziehen können. Des Weiteren konnte gezeigt werden, dass mit einer Employer Brand auch die zuvor gesteckten Ziele des Unternehmens erreicht werden können. Wurde aus der Perspektive der Arbeitgeber schon die Gewinnung und Bindung von Mitarbeitern beleuchtet, so konnte man mit dem Identifikationspotential einer Marke bzw. eines Images zusätzlich die Motivationsfunktion belegen. Der funktionsorientierte Ansatz von Koppelmann (1994) erklärt lediglich die Wirkung einer Marke und somit das Resultat des Aufbaus einer Employer Brand, die Mechanismen blieben bislang unberücksichtigt. Es wurde klar, dass der Employer Branding Prozess sowohl inner- als auch außerhalb des Unternehmens eine Zielgruppe bedienen muss. Das Zusammenspiel und die Bedeutung der einzelnen Zielgruppen für die Employer Brand und im Speziellen für die Gewinnung neuer Mitarbeiter sind jedoch noch unklar. Der nächste Abschnitt liefert das Fundament für die weitergehende Analyse des Employer Branding.

2.5 Identitätsorientiertes Verständnis der Employer Brand

2.5.1 Grundlagen und Ziele der identitätsorientierten Markenführung

Das identitätsorientierte Verständnis einer Marke ist auf das Konzept der identitätsorientierten Markenführung gefußt. Olins (1978) war der Erste, der in der Entwicklung einer Identität für das Unternehmen einen Nutzen erkannte. Bis in die 90er Jahre orientierte man sich bei dem Aufbau einer Marke ausschließlich an einer nachfragerorientierten Sichtweise. Erst Mitte der 90er begann man, den Ansatzpunkt des Markenaufbaus in dessen Identität zu sehen (Burmann et Al. 2003; Kapferer 1992, S. 39 f., Meffert und Burmann 1996) und die klassische Outside-in-Perspektive der Marke wurde um eine Inside-out Perspektive nach außen ergänzt (Burmann et Al. 2007, S. 4, Burmann und Meffert 2007, S. 51).

Die *identitätsorientierte Markenführung* „geht über die einseitige Ausrichtung auf die Wahrnehmung der Marke beim Nachfrager (...) hinaus“ (Burmann et Al. 2007, S. 4) und wird als ein nach „außen- und innengerichteter Managementprozess mit dem Ziel der funktionsübergreifenden Vernetzung aller mit der Markierung von Leistungen zusammenhängenden Entscheidungen und Maßnahmen zum Aufbau einer starken Markenidentität“ (Meffert und Burmann 2002, S. 30) bei allen relevanten Zielgruppen verstanden (Burmann et Al. 2007, S. 12). Dabei geht der Ansatz weniger auf die Bedürfnisse der unterschiedlichen Zielgruppen ein, sondern versucht vielmehr eine gemeinsame Basis zu finden (Bierwirth 2003, S. 168; Meffert und Bierwirth 2005, S. 159).

Nicht das Fremdbild, welches die Perspektive der Nachfrager in Form eines Images repräsentiert, sondern das Selbstbild der Marke stellt den Ausgangspunkt des Markenkonzeptes dar. Das Selbstbild der Marke bildet dessen Identität ab (Burmann et Al. 2007, S. 4, Burmann und Meffert 2007, S. 51). Die identitätsorientierte Markenführung ist dementsprechend ein „innengerichteter Managementprozess zur Verankerung einer angestrebten Markenidentität im Mitarbeiterverhalten“ (Wittke-Kothe 2001, S. 7). Das Selbstbild der Marke wird von der Perspektive der internen Zielgruppe analysiert (Burmann et Al. 2007, S. 4; Burmann und Meffert 2007, S. 51).

Die Wechselwirkung zwischen Selbst- und Fremdbild stellt die Besonderheit der identitätsorientierten Markenführung dar (Meffert und Burmann 1996, S. 14). Denn um ein positives Markenimage erzeugen zu können, müssen mithilfe der Markenidentität entsprechende Assoziationen in der Wahrnehmung der Bezugsgruppe geschaffen werden (Keller 1993, S. 5 f.). Ein Image bildet sich demnach nur, wenn es zuvor zu der Entwicklung einer Identität gekommen ist (Esch et Al. 2004, S. 56). Das Markenimage stellt demzufolge kein Führungskonzept dar und wird demzufolge als Akzeptanzkonzept in den Augen der Wahrnehmenden bezeichnet (Kapferer 1992, S. 45; Koers 2001, S. 53). Die Identität in ihrer Funktion als Führungskonzept verkörpert die Grundwerte der Marke und kann als Aussagenkonzept angeführt werden (Koers 2001, S. 54), welches indirekt das Image beeinflusst (Essig et Al. 2003, S. 55). Eine möglichst hohe Übereinstimmung zwischen Identität und Image stellt das Ziel des Identitätsprozesses dar (Esch et Al. 2004, S. 56). Im Idealfall sollten die Identität und das Image miteinander übereinstimmen (Achterholt 1991, S. 22).

Das *primäre Ziel* der identitätsorientierten Markenführung liegt in der Verankerung der Markenidentität in den Köpfen der Mitarbeiter und somit auch in ihrem Verhalten (Burmann und Zeplin 2005, S. 117). Die Marke muss nicht nur effektiv an die Konsumenten, sondern auch an die Mitarbeiter übertragen werden. Eine Verankerung ist dann gelungen, wenn der Mitarbeiter von der Relevanz und dem Wert der Marke überzeugt ist. Dazu ist es notwendig, dass jeder Mitarbeiter so in das Unternehmen integriert wird, dass ihm die Markenessenz übermittelt wird und er einen Beitrag zum Unternehmenserfolg liefern kann (Bergström et Al. 2002, S. 135). Denn motivierte Mitarbeiter, welche die Marke unterstützen, stellen eine mögliche Quelle zur Erzielung von Wettbewerbsvorteilen dar (de Chernatony et Al. 1998, S. 765). Sie fungieren als Markenbotschafter und können bei der Zielerreichung des Unternehmens, nämlich die Erzeugung eines bestimmten Markenimages, behilflich sein (Kernstock und Brexendorf 2004, S. 255).

2.5.2 Theoretische Fundierung der identitätsorientierten Markenführung

Die identitätsorientierte Markenführung ist eine Synthese aus zwei bekannten Konzeptionen, dem Resource-Base View und dem Market-Base View (Koers 2001, S. 47 ff.). Der *Market-Base View* steht stellvertretend für die nach außen gerichtete Orientierung eines Unternehmens. Nach dieser wird der Erfolg eines Unternehmens durch die Struktur der Produktmärkte und dem strategischen Verhalten des Unternehmens auf dem Markt bestimmt. Demnach kann ein Unternehmen dann Wettbewerbsvorteile erlangen, wenn es sich optimal auf attraktiven Segmenten der Produktmärkte positioniert (Porter 1996, S. 61 ff.). Der Fokus liegt eindeutig auf dem Markt und den Konsumenten. Die Konstellation einer alleinigen marktorientierten Unternehmensausrichtung kann Kritikern zufolge nicht den Unternehmenserfolg erklären, da dem Unternehmen zur Verfügung stehende Ressourcen unberücksichtigt bleiben (Proff 1998, S. 31).

Als Pendant zum Market-Base View existiert der *Resource-Base View*. Dieser bezweifelt die dominante Wirkung externer Faktoren auf den Unternehmenserfolg und sieht den Vorteil von Unternehmen in dem Besitz von unternehmensspezifischen, einzigartigen Ressourcen und Fähigkeiten. Als Ressourcen bezeichnet man organisationale Fähigkeiten welche sowohl materieller als auch immaterieller Natur sein können. Die Kombination der Ressourcen können Unternehmen zu einem Wettbewerbsvorteil verhelfen. Der ressourcenorientierte Ansatz ist ein nach innengerichteter Prozess und stellt die Ressourcen und das daraus entstehende Selbstbild in den Mittelpunkt. Beim marktorientierten Ansatz steht das Fremdbild des Unternehmens im Fokus der strategischen Ausrichtung. Da die identitätsorientierte Markenführung das Selbstbild des Unternehmens ins Zentrum stellt, lässt sich eine erfolgreiche Markenführung auf „spezifische organisationale Fähigkeiten eines Unternehmens zurückführen. Die Identifikation und zielgerichtete Gestaltung dieser Fähigkeit(en) stellt aus ressourcentheoretischer Perspektive den Kern der Markenführung dar“ (Burmann und Meffert 2007, S. 41). Dennoch ist der Market-Base View weiterhin von Bedeutung, da die unternehmensspezifischen Ressourcen auch marktrelevant sein müssen. Einzigartige Ressourcen bringen dem Unternehmen nur dann einen Wettbewerbsvorteil, wenn diese den Kunden auch einen Nutzen stiften. Es sind beide Perspektiven wichtig (Burmann und Meffert 2007, S. 40 f.).

2.5.3 Übertragung der identitätsorientierten Markenführung auf den Ansatz des Employer Branding

Die Verknüpfung der Employer Brand mit dem Ansatz der identitätsorientierten Markenführung erfolgt über die Corporate Brand. Denn das „Corporate Brand Management stellt einen außen- und innengerichteten Prozess dar, in dessen Mittelpunkt die Markenidentität steht“ (Kernstock et Al. 2004, S. 23). Das Selbstbild der Corporate Brand stellt somit den Ausgangspunkt konzeptioneller Überlegungen dar. In Kapitel 2.1.1 wurde die Employer Brand als ein Teilbereich der Corporate Brand identifiziert. Demnach erscheint der identitätsorientierte Ansatz als geeignet, da dieser für den Bereich des Corporate Branding dominierend ist und bei der Employer Brand ähnliche Stellhebel greifen sollten (Gmür 2002, S. 14 f.; Zaugg 2002, S. 13). Auch Berthon et Al. (2005, S. 151) sehen Employer Branding als eine Komponente des identitätsorientierten Ansatzes, welche momentan noch unterentwickelt ist. Beide haben zum Ziel, sich am Markt über unverwechselbares Profil in Form einer einzigartigen Identität zu positionieren (Gmür 2002, S. 14). Die Implementierung einer erfolgreichen Employer Brand besteht in der Positionierung einer auf die Ressourcen des Unternehmens abgestimmten Arbeitgeberidentität, welche dann entscheidenden Einfluss auf das Vorstellungsbild der potentiellen Mitarbeiter von dem Unternehmen nimmt.

Auch die Zielformulierungen des Employer Branding und des identitätsorientierten Markenansatzes zeigen in die gleiche Richtung. Beide legen den Fokus auf die aktuellen und potentiellen Mitarbeiter. Die Stellen im Unternehmen sollen attraktiv gestaltet und die Mitarbeiter motiviert werden. Durch die Befriedigung der Mitarbeiterbedürfnisse sollen zugleich auch übergeordnete Unternehmensziele erfüllt werden (Ewing et Al. 2002, S. 10; Gronroos 1990, S. 7). Denn die identitätsorientierte Markenführung hat nicht nur einer verbesserte Mitarbeitermotivation zum Zweck, sondern auch kundenorientiertes Arbeitsverhalten (Stauss und Schulze 1990, S. 151). So stehen nicht die Mitarbeiterbedürfnisse, sondern die Bedürfnisse der externen Anspruchsgruppen im Mittelpunkt der Betrachtung. Auch beim Employer Branding liegt durch den Auslöser „Fachkräftemangel" die Zielgruppe primär in potentiellen Mitarbeitern auf dem Arbeitsmarkt, welche man über die interne Zielgruppe zu erreichen versucht.

Es wurde verdeutlich, dass der identitätsorientierte Ansatz eindeutig auch auf die Employer Brand anwendbar ist. Im nächsten Kapitel werden Selbst- und Fremdbild der Marke eingehender beleuchtet, um Einblicke in den Wirkungsmechanismus einer Employer Brand im Hinblick auf aktuelle und potentielle Mitarbeiter zu erhalten. Gestartet wird mit der Analyse des Identitätskonstruktes.

3 Mechanismen des Employer Branding Prozesses

3.1 Identitätsorientierte Markenführung als Ausgangspunkt des Employer Branding

3.1.1 Corporate Identity als Aussagekonzept der identitätsorientierten Markenführung

3.1.1.1 Das Identitätskonstrukt

Das Konstrukt der Identität beschäftigt sich mit der Frage, was und wer wir sind. So kann jeder Person eine eigene Identität zugeordnet werden (Balmer und Gray 2003, S. 979 f.). Dabei sollte der Identitätsbegriff nicht mit dem der individuellen Persönlichkeit verwechselt werden. Die Identität stellt ein umfassenderes Konzept dar, welches die Ganzheit aller Persönlichkeitsmerkmale in sich vereint und mehr als die Summe seiner Teile repräsentiert (Conzen 1990, S. 69 f.). Je nach Forschungsstand wird der Begriff der Identität in der Sozialwissenschaft sehr heterogen verwendet (Achterholt 1988, S. 29 f., Conzen 1990). Conzen (1990, S. 72 f.) definiert die persönliche Identität als das Vorhandensein eines Bildes des Individuums von sich selbst. So dient diese dem Individuum als Abgrenzungs- und Orientierungsrahmen im Bezug zur Umwelt. Neben der persönlichen Identität existiert die Außenperspektive der Identität. Die Wahrnehmung einer Person durch andere Personen manifestiert sich in der sogenannten sozialen Identität (Erikson 1973, S. 11). Die Interdependenz zwischen der Eigen- und Fremdwahrnehmung ist wesentlich für die Identitätsentwicklung, da diese nur durch eine wechselseitige Wahrnehmung entstehen kann (Burmann und Meffert 2007, S. 46 nach Frey und Haußer 1987, S. 17; Weidenfeld 1983, S. 19). Diese Erkenntnis ist fundamental für die Identität-Image-Beziehung der identitätsorientierten Markenführung (Weidenfeld 1983, S. 19), welche später noch näher erläutert wird.

Analog zur menschlichen Identität lässt sich das Identitätskonstrukt auch auf Unternehmen und Marken anwenden (Domizlaff 1994, S. 701). Im Fall der Employer Brand geht es um das Vorstellungsbild von einem Unternehmen als

Arbeitgeber. Somit lässt sich die Identität einer Employer Brand eher der Corporate Identity als der Markenidentität zuordnen. Der entscheidende Unterschied liegt im Inhalt beider Identitäten begründet. Im Gegensatz zur Markenidentität vermittelt die Unternehmensidentität anstelle von Merkmalen Werte und Ziele (Hubbard 2004, S. 113). Trotzdem ist eine Abgrenzung zwischen Marken- und Unternehmensidentität schwierig, was sich auch in der vorhandenen Literatur wiederspiegelt. So sprechen de Chernatony und Harris (2000, S. 268) von der Markenidentität eines Unternehmens, benutzen jedoch nicht den üblichen Begriff der Corporate Identity, sondern den der Markenidentität. Im Folgenden soll einheitlich der Begriff der Corporate Identity verwendet werden. Der Begriff der Markenidentität wird nur dann angewandt, wenn dessen Aussagen nicht für den Begriff der Corporate Identity gelten, jedoch trotzdem von Bedeutung sind.

Eine Übertragung der menschlichen Identität auf eine Marke oder ein Unternehmen ist über das Phänomen der Gruppenidentität möglich (Burmann und Meffert 2007, S. 48; Burmann et Al. 2003, S. 16 f.; Domizlaff 1994, S. 701). Eine Gruppenidentität zeichnet sich durch gemeinsame Werte, Überzeugungen und Eigenschaften aus, welche die Gruppe von anderen Gruppen oder Gemeinschaften differenziert (Schein 1985, S. 185 f.). Das Unternehmen als Gruppe, welche die Marke (hier: die Employer Brand) trägt, verfügt demzufolge über eine „eigene, die Marke erschaffende und prägende Identität" (Burmann et Al. 2007, S. 5). Die Identität eines Unternehmens ist ein effektives Unternehmenswerkzeug zur Erzielung von Wettbewerbsvorteilen durch die Abgrenzung von der Konkurrenz (Melewar et Al. 2005, S. 69). Denn sie steht für das Unternehmen: was es macht, für was es steht, wie sie es macht und wohin es geht (Melewar und Jenkins 2002, S. 77 f.). Birgikt et Al. (1995, S. 18) bezeichnet die Corporate Identity deswegen auch als „strategisch geplante und operativ eingesetzte Selbstdarstellung und Verhaltensweise eines Unternehmens nach innen und außen" (Birgikt et Al. 1995, S. 18). Durch diese unverwechselbare, schwer veränderbare Unternehmenseigenheit ist das Unternehmen für jeden erkennbar (Buß und Fink-Heuberger 2000, S. 69). Durch sie ist es den Unternehmen möglich, Nachrichten über ihre strategische Positionierung zu senden und der externen Umwelt einen Orientierungspunkt zur Einordnung zu geben (Melewar 2003, S. 197). So kommt der Corporate Identity auch eine Kommunikationsfunktion zu (Birkigt 1998, S. 20).

Oftmals werden in der Literatur die Begriffe Unternehmenskultur, -identität und -philosophie gleichbedeutend verwendet (Hubbard 2004, S. 90). Demnach würden die vorherigen Erläuterungen sowohl auf die Kultur als auch auf die Philosophie des Unternehmens zutreffen. Dem ist jedoch nicht so.

3.1.1.2 Unternehmenskultur, -persönlichkeit und -philosophie

Eine Identität muss auf im Unternehmen vorhandene Werte und Normen aufbauen und kann nicht beliebig konstruiert werden (Herbst 1998, S. 25). Diese Werte findet man in der jeweiligen Unternehmenskultur. Unter der *Unternehmenskultur* eines Unternehmens versteht man die „Summe der Wertvorstellungen, Verhaltensnormen, Denk- und Handlungsweisen, die einvernehmlich von der Mehrheit der Mitarbeiter eines UN getragen werden“ (Hubbard 2004, S. 91) und das Verhalten der Mitarbeiter nach innen und außen prägen (Essig et Al. 2003, S. 60; Herbst 1998, S. 24).

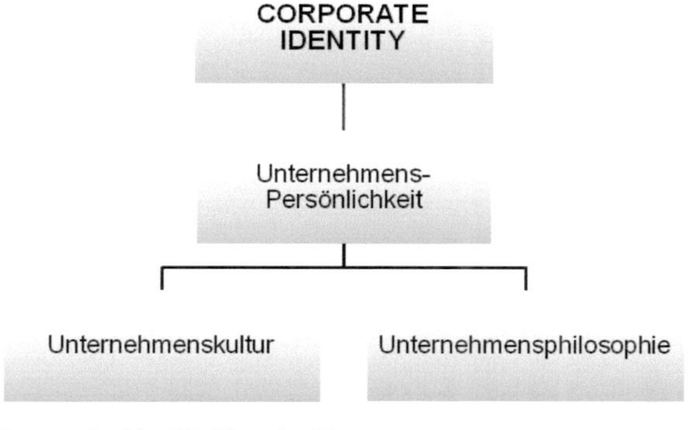

Abb. 3.1: Das Corporate Identity Konstrukt

Die Unternehmenskultur ist eine zentrale Komponente der Unternehmensidentität (Melewar 2003, S. 202) und somit ein wichtiges Element bei der Implementierung und Unterstützung einer erfolgreichen Strategie zur Erlangung von Wettbewerbsvorteilen (Abratt 1989, S. 72 f.). Beide Konstrukte stehen in einer wechselseitigen Beziehung zueinander. So beeinflussen kulturelle Phänomene im Sinne einheitlichen Verhaltens der Mitarbeiter im Unternehmen dessen Identität.

Genauso lässt sich durch Corporate Identity Maßnahmen die vorherrschende Kultur im Unternehmen verändern (Schneider 1991, S. 25 f.). Entscheidend ist, dass ein umfassendes Corporate Identity Konzept auch immer die Unternehmenskultur mit einbeziehen muss (Kroehl 2000, S. 22), da eine starke Unternehmenskultur für die Entwicklung und Unterstützung der Corporate Identity notwendig ist (Wheeler et Al. 2006, S. 101). Das Konzept der Unternehmensidentität kann mit Blick auf die Unternehmenskultur als das weitreichendere verstanden werden (Hubbard 2004, S. 92). Im Gegensatz zur Unternehmenskultur, welche nur von Unternehmensmitgliedern wahrgenommen wird, ist die Identität jener Teil der Kultur, welcher auch von Nicht-Unternehmensmitgliedern wahrgenommen werden kann (Hinterhuber und Winter 1991, S. 194). Den Aussagen von Hatch und Schultz (1997, S. 358) folgend, könnte man abschließend festhalten, dass die Identität in der Unternehmenskultur begründet liegt und sich auf Basis kultureller Inhalte errichtet. Jedoch gibt es in der Literatur noch detailliertere Ansichten über die Komponenten der Unternehmensidentität. So sind neben der Unternehmenskultur auch noch die Komponenten der Unternehmensphilosophie und der Unternehmenspersönlichkeit von Relevanz.

Nach Möhlenbruch et al (2000, S. 13 f.) besteht die Grundvoraussetzung für den Aufbau einer Unternehmensidentität in der Schaffung einer *Unternehmenspersönlichkeit*. Sie ist das manifestierte Selbstverständnis des Unternehmens und Kern bzw. Basis einer Corporate Identity. Manifestiertes Selbstverständnis bedeutet, dass sich ein Unternehmen „selbst in seinem Bestand, seinen Zielen, seinen Zwecken, in seiner makroökonomischen Funktion und seiner sozialen Rolle“ (Birkigt 1998, S. 19) versteht. Zu den Bestandteilen der Unternehmenspersönlichkeit zählt die Unternehmenskultur (Hubbard 2004, S. 93) und die Unternehmensphilosophie.

Die *Unternehmensphilosophie* ist eine Ansammlung von schriftlich dokumentierten Unternehmensgrundsätzen (Ulrich und Fluri 1995, S. 92) und Kernwerte, welche vom Senior Management ausgerufen werden (Melewar et Al. 2005, S. 64). Sie verkörpert das Leitbild, gibt den allgemeinen Kurs des Unternehmens an und formuliert die angestrebte Corporate Identity (Herbst 1998, S. 29 f., Essig et Al. 2003, S. 61). Die Philosophie kommuniziert die schwer greifbare Unternehmenspersönlichkeit und hält sie in prägnanten Leitsätzen fest (Acherholt 1991, S. 42 f.). Der erste Schritt für den Aufbau eines soliden Identitätsprozesses ist die Formulierung einer klaren und einheitlichen Unternehmensphilosophie. Alle darauf folgenden Maßnahmen des Identitätsprozesses, sowohl nach innen als auch nach außen, werden an diesen Leitsätzen ausgerichtet (Essig et Al. 2003, S. 62). Auch die Unternehmenskultur ist ein Bestandteil der Unternehmenspersönlichkeit (Achterholt 1991, S. 43).

Zusammenfassend lässt sich die Corporate Identity als Summe spezifischer Werthaltungen, Ziele, Denk- und Handlungsweisen sowie Strukturen verstehen, „durch deren strategische Nutzung sich ein Unternehmen im Markt und in der Gesellschaft positioniert“ (Hubbard 2004, S. 94). Die Basis für die Corporate Identity bildet die Unternehmenspersönlichkeit, welche sich aus offensichtlichen und nicht offensichtlichen Werten zusammensetzt. Die Unternehmensphilosophie gehört mit ihren schriftlich fixierten Leitlinien zu den offensichtlichen Werten. Zu den nicht offensichtlichen Werten der Unternehmenspersönlichkeit zählt hingegen die durch selbstverständliches Verhalten und Handeln der Unternehmensmitglieder ausgedrückte Unternehmenskultur (Hubbard 2004, S. 94).

Das Management der Identität eines Unternehmens wird unter dem Begriff der *Corporate Identity Politik* zusammengefasst. Dabei handelt es sich um ein übergeordnetes, ganzheitliches Strategiekonzept zur geplanten und operativ eingesetzten einheitlichen Selbstdarstellung des Unternehmens (Essig et Al. 2003, S. 56). Der Aufgabenbereich der Corporate Identity Politik kann in zwei Bereiche unterteilt werden. Intern soll die Identifikation der Mitarbeiter mit dem UN erhöht und somit die Zufriedenheit und Motivation gesteigert werden (Herbst 1998, S .18; Meffert 1998, S. 686 f.). Extern soll das Unternehmen für Außenstehende identifizierbar und wiedererkennbar sein und somit mögliche Divergenzen in der Wahrnehmung abbauen (Meffert 1998, S. 686 f.).

Bevor die Thematik der Wirkungen der Corporate Identity Politik vertieft und auf den Bereich des Employer Branding übertragen werden, soll zuerst die externe Perspektive in Form des Fremdbildes skizziert werden.

3.1.2 Corporate Image als Akzeptanzkonzept der identitätsorientierten Markenführung

Ist die Identität das Selbstbild des Unternehmens, so ist das Fremdbild das Image des Unternehmens (Birkigt 1998, S. 23). Wie schon in Kapitel 2.1.2 erläutert wurde, handelt es sich bei einem Image um eine subjektive Bewertung eines Objektes aufgrund von Erfahrungen und Einstellungen gegenüber diesem Objekt. Im Falle des Corporate Image beinhaltet es ein vorgefasstes, fest umrissenes Vorstellungsbild, das eine einzelne Person oder eine Gruppe von Personen von einem Unternehmen hat (Demuth 1994, S. 71). Geprägt wird das Corporate Image von sozialen, kulturellen und subjektiven Momenten sowie Vorurteilen. Es stellt „stellt eine stereotypisierende Vereinfachung eines objektiven Sachverhalts dar" (Essig et Al. 2003, S. 54). Beim Image handelt es sich um ein Akzeptanz- und somit nicht um ein Managementkonzept. D.h. Einfluss auf das Image kann man nur indirekt über die Gestaltung der Identität nehmen (Kapferer 1992, S. 44 ff.). Trotzdem ist eine eindeutig kommunizierte

Corporate Identity keine Voraussetzung zur Bildung eines Images (Esch et Al. 2004, S. 56). Vielmehr dient die Corporate Identity der Eingrenzung des Beliebigkeitsspielraumes der Imagebildung, um die vom Unternehmen gewünschte Außenwahrnehmung zu erreichen (Essig et Al. 2003, S. 54). Neben dem Image wird häufig auch der Begriff der Reputation verwendet.

Das Konstrukt der *Corporate Reputation* war bisher überwiegend der Gegenstand angloamerikanischer Forschung (Meffert und Bierwirth 2005, S. 152). In den ersten Studien der 60er und 70er Jahre wurden die Begriffe Corporate Image und Reputation gleichgesetzt (Vgl. Boorstin 1961). Im Laufe der Jahre haben sich zwei Sichtweisen herauskristallisiert. Es gibt immer noch Vertreter, welche eine synonyme Betrachtungsweise der Begriffe vertreten. Durchgesetzt hat sich aber die Ansicht, dass Corporate Image und Reputation zwar in Beziehung zueinander stehen, jedoch nicht identisch sind (Bentele 2005, S. 21; Gotsi und Wilson 2001, S. 25). So bildet sich die Corporate Reputation aus aktuellen, manifestierten Images, die sich Individuen im Laufe der Zeit gebildet haben. Umgekehrt kann eine gefestigte Corporate Reputation auch das Image eines Unternehmens beeinflussen (Fombrun und Shanley 1990). Im Gegensatz zum Corporate Image, welches individuell wahrgenommen wird, versteht man unter Corporate Reputation die kollektive Wahrnehmung und Bewertung eines Unternehmens (Bazil 2001, S. 2; Fombrun 1996, S. 59). Alle Stakeholder machen sich auf Grundlage der Leistungen, Produkte, Dienstleistungen, Personen und Organisationen eines Unternehmens ein Bild von dem Unternehmen (Fombrun und Wiedmann 2001, S. 46). Neben dem kollektiven Konzept existiert zusätzlich die Ansicht, dass die Corporate Reputation stakeholderabhängig ist. Jede Teilöffentlichkeit hat unterschiedliche Erfahrungen und Erwartungen an die geschäftlichen, sozialen und finanziellen Leistungen eines Unternehmens. Somit bilden sich auch unterschiedliche Corporate Reputation (Bazil 2001, S. 2/20). Entscheidend ist, ob der Werteanspruch der jeweiligen Bezugsgruppe erfüllt wurde (Hubbard 2004, S. 101).

Beide Ansichten haben sich mittlerweile soweit angenähert, dass deren Konsens übereinstimmt. Im Endeffekt geht es um die Wertschätzung der Qualitäten des Unternehmens, die auf Grundlage des kommunizierten Corporate Images langfristig gebildet werden (Bentele 2005, S. 23). Sie ist ein Maß dafür, inwieweit es einem Unternehmen gelingt, gegenüber der Öffentlichkeit überzeugend als zuverlässiges, glaubwürdiges, verantwortungsbewusstes und vertrauenswürdiges Unternehmen aufzutreten (Bazil 2001, S. 6). Für den weiteren Verlauf der Untersuchung lässt sich festhalten, dass das Image und der Ruf eines Unternehmens, auch wenn sie nicht identisch sind, in einem engen Zusammenhang stehen und sich gegenseitig beeinflussen.

3.1.3 Wechselwirkung zwischen Corporate Identity und Corporate Image

Die bisherigen Ausführungen haben verdeutlicht, dass das Corporate Image maßgeblich von der Gestaltung der Corporate Identity abhängt. Doch wie sieht diese Beziehung aus und wie kommuniziert man Identität nach außen?

Deutlich wird, dass eine Corporate Identity mit Verlassen des Unternehmensrahmens zum Corporate Image übergeht (Hubbard 2004, S. 94). Beide Konstrukte stehen in einem permanenten Austauschprozess, welcher im Zeitverlauf zu Veränderungen beim Image als auch bei der Identität führen kann (Burmann und Meffert 2007, S. 49). Der Aufbau einer starken Identität setzt eine homogene Wahrnehmung des Unternehmens innerhalb der Zielgruppen voraus (Buß und Fink-Heuberger 2000, S. 67 ff.). Erst wenn diese Voraussetzung erfüllt ist, kann man Selbst- und Fremdbild des Unternehmens angleichen. Denn je größer die Übereinstimmung zwischen Identität und Image ist, desto stärker ist auch die Identität (Meffert und Bierwirth 2005, S. 159; Meffert und Burmann 1996, S. 31). Der Erfolgsmaßstab für die Umsetzung einer Corporate Identity liegt für das Unternehmen im Grad der Übereinstimmung mit dem vorhandenen Corporate Image. Im Idealfall liegt hier eine Übereinstimmung vor (Achterholt 1991, S. 22). Der Übergang von Identität zu Image wird jedoch von unterschiedlichen Faktoren beeinflusst, welche je nach Bezugsgruppe, verbunden mit dessen Erwartungen an das Unternehmen, unterschiedlich selektiert und gewichtet werden (Moehlenbruch et Al. 2000, S. 23). Dies erklärt, dass es zwar nur eine Corporate Identity gibt, aber je nach Zielgruppe unterschiedliche Imagearten. So sind für potentielle Mitarbeiter Komponenten wie die Entlohnung, Sozialleistungen etc. wichtig und nehmen entscheidenden Einfluss auf deren Imagebildung (Hubbard 2004, S. 98). Die Rolle des Bindeglieds zwischen Identität und Image übernehmen die Unternehmensmitarbeiter.

3.1.4 Rolle der Mitarbeiter bei der Imagebildung

Eine starke Corporate Identity ist nutzlos, solange Sie nicht in einem gewünschten Corporate Image mündet (Aurand et Al. 2005, S. 167). Die Übertragung der Identität ist Aufgabe der Unternehmensmitarbeiter. Problematisch ist, dass die meisten Unternehmen den Großteil ihres Werbebudgets für die Kommunikation mit externen Stakeholdern ausgeben (Boone 2000, S. 36). Mitarbeiter sind bei der Markenführung meistens das letzte Rad am Wagen (Esch 2006, o. S.), obwohl sie als erstes über aktuelle Unternehmensinformationen verfügen sollten (Kernstock und Brexendorf 2004, S. 265). Denn es sind die Mitarbeiter und nicht die Werbung, die den Kern der Marke ausmachen (Bergstrom et Al. 2002, S. 135) und diese zum Leben erwecken (de Chernatony 2001, S. 71). Trotzdem werden Mitarbeiter nicht rechtzeitig über eine neue oder veränderte Corporate Identity informiert (Esch 2006, o. S.), da sie bisher als eigene Zielgruppe kaum Berücksichtigung im Markenführungskonzept der Unternehmen finden (Kernstock und Brexendorf 2004, S. 252).

Ziel des Unternehmens für eine erfolgreiche Corporate Identity Politik muss es sein, den primären Fokus auf die eigenen Mitarbeiter zu legen (Gregory und Wiechmann 1997, S. 99). Denn Repräsentanten des Unternehmens, was Mitarbeiter zweifelsohne sind, kommunizieren in jeder Lebenssituation eine Botschaft (Bergstrom et Al. 2002, S. 136), gewollt oder ungewollt. Deswegen müssen die Werte der Marke von den Mitarbeitern internalisiert werden, so dass sie ihr Verhalten automatisch danach ausrichten (Kernstock und Brexendorf 2004, S. 263). Der Mitarbeiter muss sich mit den Werten identifizieren können und sie in seinem Bewusstsein verankern (Sandrock 1998, S. 212/219). Eine höhere Identifikation mit dem Unternehmen führt zu einer höheren Motivations- und Leistungsbereitschaft der Mitarbeiter, was sich wiederum positiv auf die Unternehmensperformance und den ökonomischen Erfolg des Unternehmens auswirkt (Essig et Al. 2003, S. 61). Mitarbeiter in ihrer Rolle als Markenbotschafter stellen zudem eine sehr glaubwürdige Informationsquelle für die externe Öffentlichkeit dar (Hubbard 2004, S. 99 f.). Die Mitglieder eines Unternehmens, vor allem jene, die in der Öffentlichkeit oder in Kundenkontakt stehen, sind bei der Markenführung von entscheidender Bedeutung. So wundert es nicht, dass einige der stärksten Dienstleistungsmarken eine Gemeinsamkeit haben – der Schwerpunkt liegt in der Rolle des Mitarbeiters als Markenbotschafter (Mosley 2007, S. 126).

Die Markenidentität eines Unternehmens wird in hohem Maße von den Mitarbeitern bestimmt, da sie mit den Stakeholdern des Unternehmens kommunizieren und somit die Wahrnehmung des Markenimages bei den externen Anspruchsgruppen beeinflussen (de Chernatony und Harris 2000, S. 268). Man kann bei Mitarbeitern auch von einer strategischen Ressource sprechen, welche das Unternehmen bei der Erzielung dauerhafter komparativer Wettbewerbsvorteile unterstützt (de Chernatony et Al. 1998, S. 765). Es zeigt sich, dass das Unternehmen bei alleinigem Fokus auf die Rekrutierung neuer Mitarbeiter auch die aktuellen Mitarbeiter nicht vernachlässigen darf. Denn sie sind der Schlüssel zur Zielerreichung.

3.1.5 Implikationen für die Employer Brand

Eine Komponente der identitätsorientierten Markenführung, welche immer noch unterentwickelt ist, ist das Employer Branding (Berthon et Al. 2005, S. 151). Aus der vorherigen Analyse lässt sich folgern, dass das primäre Ziel des Employer Branding im Sinne der identitätsorientierten Markenführung in der Schaffung einer Arbeitgeberpersönlichkeit mittels Aufbau einer einzigartigen und profilstarken Markenidentität liegt (Meffert 1996, S. 169). Voraussetzung für solch eine Identität ist der Fit zwischen der aufgebauten Identität und der vorhandenen Unternehmenskultur (Wiese 2005, S. 57). Des Weiteren muss die Identität sowohl inner- als auch außerhalb des Unternehmens in den Köpfen der Personen verankert werden (Kernstock und Brexendorf 2004, S. 260 f.). Employer Branding erklären nicht nur potentielle Mitarbeiter zur Zielgruppe, sondern auch die aktuellen Mitarbeiter, welche in ihrem Auftreten entscheidend zum Erfolg des Employer Branding beitragen (Gmür 2002, S. 14). Denn eine starke Employer Brand zeichnet sich durch eine hohe Kongruenz von Merkmalen der Employer Brand bei Managern und Mitarbeitern sowie der externen Zielgruppe aus (Esch et Al. 2004, S. 71; Meffert 1996, S. 24). Je positiver die Identität des Arbeitgebers ist und je mehr sie zum Selbstwert der Mitarbeiter beisteuert, desto mehr wird sich der Mitarbeiter mit dem Unternehmen identifizieren (Dutton et Al. 1994). Im Rahmen des Employer Branding und der Implementierung einer einzigartigen Arbeitgeberidentität erhöht sich die emotionale Bindung und Loyalität der Mitarbeiter, was wiederum zu einer gesteigerten Motivations- und Leistungsbereitschaft führt (Backhaus und Tikoo 2004, S. 508 f.; Wiese 2005, S. 67). Das gesteigerte Bekenntnis der Mitarbeiter zu ihrem Arbeitgeber führt zu einer höheren Kundenzufriedenheit, da das Verhalten gegenüber den Kunden maßgeblich von der unternehmensinternen Verhaltensweise und Kultur geprägt wird (Aumüller 1994, S. 496). Dieser Aspekt ist entscheidend, da die Positionierung der Employer Brand auf dem Zielmarkt erst durch deren Kommunikation umgesetzt wird (Esch 2004, S. 231). Für das Employer Branding sind nicht nur die Inhalte von Stellenanzeigen bzw. Kampagnen wichtig, sondern auch das Verhalten der Mitarbeiter im Umgang mit der Zielgruppe.

Intern wirkt die Unternehmensidentität positiv auf die Zufriedenheit und Bindung der Mitarbeiter und führt zu einer niedrigeren Fluktuationsrate sowie weniger Neueinstellungen (Barrow und Mosley 2005, S. 69 f.; Brown et Al. 2003, S. 22; Harding 2003, S. 2). Extern bewirkt eine starke Arbeitgeberidentität eine automatische Selektion der Zielpersonen. So werden nur die potentiellen Mitarbeiter auf den Arbeitgeber aufmerksam, welche die gleichen Persönlichkeitseigenschaften verkörpern. Die Arbeitgeberidentität ist demzufolge mit dem Selbstimage des potentiellen Mitarbeiters verflochten (Tom 1971, S. 577; Wheeler et Al. 2006, S. 89 f.). Durch diese Selektion wird die Kultur und Identität des Unternehmens mit jeder Neueinstellung weiter gestärkt (Schneider et Al. 1995, S. 749; Wheeler et Al. 2006, S. 101). Eine ausgeprägte Employer Brand bewirkt durch die von dem Bewerber vorgenommene Eigenselektion einen Rückgang der Bewerbungen. Die Personen, die sich bewerben, passen jedoch von ihrer Einstellung besser zum Unternehmen. Die Qualität der Bewerber nimmt dementsprechend zu (Lieber 1995, S. 33; Turban und Cable 2003, S. 745 f.).[4]

Die wichtigste Erkenntnis des identitätsorientierten Ansatzes liegt in der Bedeutung des Employer Image. Das Employer Image spiegelt die Attraktivität eines Arbeitgebers auf dem Arbeitsmarkt wider, in dem sie die individuelle Wahrnehmung eines Unternehmens in Bezug auf dessen, für die Arbeitgeberwahl relevanten Merkmale verkörpert (Simon et Al. 1995, S. 15). Es stellt sich heraus, dass eine Planung auf Basis von Imageanalysen ohne Berücksichtigung oder Einbezug der Identität nur einen kurzfristigen, jedoch auf keinen Fall einen langfristigen Charakter haben kann (Esch 2004, S. 84). Dem-

[4] Es lässt sich erkennen, dass dies alles Punkte sind, welche schon unter der Wirkung einer Employer Brand behandelt wurden. Die Herangehensweise über den identitätsorientieren Ansatz bestätigt die vorherigen Erkenntnisse. Trotzdem folgt im späteren Verlauf der Arbeit eine theoretische Fundierung der Wirkungsweise einer Employer Brand.

gemäß kann ein Employer Image nur dann gezielt erzeugt werden, wenn zuvor die Implementierung der Employer Brand erfolgreich verlaufen ist (Kapferer 1992, S. 45). Beim Employer Image handelt es sich lediglich um die Wirkungsebene des Employer Branding und somit um eine Momentaufnahme. Ansatzpunkt und Stellhebel für das Unternehmen ist die Identität der Employer Brand (Aktionsebene) (Leven 2004, S. 21). Zur Messung der Effektivität ist das Employer Image jedoch die richtige Maßgröße. Es zeigt an, wie „gut" der Transfer der Employer Brand Identity durch die Positionierung auf dem Arbeitsmarkt gelungen ist (Esch et Al. 2004, S. 56; Heinrich 2004, S. 61).
Das Employer Image ist demnach der Ansatzpunkt zur Messung der Effektivität des Einbezuges des Employer Branding in die strategische Ausrichtung des Unternehmens. Deshalb ist es notwendig, in einem nächsten Schritt das Imagekonstrukt in seiner Eigenschaft und Funktion bei der Arbeitgeberwahl näher zu beleuchten.

3.2 Das Image als Ansatzpunkt zur Messung der Wirkung einer Employer Brand

3.2.1 Der Imagebegriff

Zum Begriff des Images gibt es eine Vielzahl von Definitionen und Herleitungen. Johannsen (1971, S. 18 ff.) war einer der Ersten, der im Rahmen seines Werkes „Das Marken- und Firmenimage" alle bis dato erschienenen Begriffsbestimmungen zusammengetragen hat. Aus dem englischen Sprachraum nach Deutschland vorgerückt, ist der Imagebegriff sehr unscharf gefasst und wird zu unterschiedlichsten Zwecken verwendet. Die sprachlichen Wurzeln des Begriffes sind vielfältiger Natur und finden sich sowohl im griechischen, französischen, englischen und auch lateinischen Sprachgebrauch wieder. Trotz der großen etymologischen Vielfalt lassen sich zwei wesentliche Eigenschaften festhalten. Zum einen umfasst das Image ein sichtbares, reales, gegenständlich dargestelltes Bild von einer Person oder Sache, zum anderen aber auch ein geistig-phantasiehaftes Wert- und Vorstellungsbild.

Den Grundstein für die Verwendung des Images in der Marketingliteratur legten Gardner und Levy im Jahr 1955 (S. 34 ff.). Dies war das erste Mal, dass der Imagebegriff, wenn auch nur oberflächlich, in Richtung des heutigen Verständnisses erfasst wurde. Es dauerte noch einmal fast ein Jahrzehnt, bis auch die deutschsprachige Literatur das Phänomen des Images entdeckt hatte. 1962 (S. 5 ff.) erschien mit Berglers „Psychologie des Marken- und Firmenbildes“ ein Werk, welches sich ausführlich mit dem Image beschäftigte und eine empirische und ganzheitliche Betrachtung lieferte. So wurden Merkmale des Firmenbildes anhand einer ausführlichen Firmenbildanalyse von Siemens verdeutlicht (Bergler 1982, S. 169 ff.).

Eine Definition des Imagebegriffes erfolgte bereits zu Beginn in Kapitel 2. So wurde das Image als die Summe aller relevanten Vorstellungen, Einstellungen sowie der entsprechenden Verhaltensabsichten definiert, welche ein Individuum gegenüber Branchen, Firmen oder Produkten, also von vor allem apersonalen Meinungsgegenständen hat (Fopp 1975, S. 40; Henzler 1975, Sp. 1565). Im Hinblick auf die ausführliche Definition des Images von Johannsen (1971, S. 35 f.) soll ergänzt werden, dass sich eine Person dem Image nicht voll bewusst ist, d.h. eine Wahrnehmung von einem Objekt wirkt häufig unterbewusst. Somit kann ein Image meinungs-, verhaltens- und handlungsmitbestimmend sein, ohne dass der Imageträger sich dessen bewusst ist. Die folgenden Imagekonzeptionen lassen erkennen, auf welche Art und Weise das Imagekonstrukt im Kontext der Marktforschung verwendet wurde bzw. wird.

3.2.2 Imagekonzeptionen

Trommsdorff hat 1980 (S. 118 ff.) auf Grundlage verschiedener Ansätze der Imagetheorie unterschiedlicher Autoren zwischen drei richtungsweisenden Konzeptionen der Imagetheorie unterschieden.

Ökonomisch orientierte Imagetheorie

Die Ursprünge des Imagebegriffs finden sich in der ökonomischen Theorie wieder. Den Begriff der ökonomisch orientierten Imagetheorie führt Trommsdorff (1980) auf Gardner und Levy zurück, welche 1955 (S. 34 ff.; Levy 1959, S. 119) erstmals den Imagebegriff in der Marktforschung einsetzten. So soll das Image Markterfolge erklären, welche man nicht durch objektive Merkmale, wie beispielsweise den Preis, erklären kann. Diese von der Nachfragerseite abhängigen Merkmale werden auch als „subjektiver Rest" bezeichnet, der den Erklärungsbeitrag zum Markterfolg komplettiert. Somit lassen sich unterschiedliche Markterfolge technisch identischer Güter durch das jeweilige Image erklären.

Gestaltpsychologisch orientierte Imagetheorie

Die gestaltpsychologisch orientierte Imagetheorie wurde durch die Arbeiten von Bergler (1963) und Spiegel (1958) bekannt. So sieht Bergler im Imagekonstrukt einen ganzheitlichen Charakter in Form eines stereotypen Orientierungssystems. Dieses Orientierungssystem macht es Individuen möglich, rational nicht zu bewältigende Realitäten durch kognitive Reduktionen handhabbar zu machen. Durch die Vereinfachung der Realität ist eine Orientierung und Steuerung des Verhaltens möglich. (Bergler 1982, S. 144 ff.; Bergler 1963, S. 20 ff.).

Einstellungspsychologisch orientierte Imagetheorie

Die einstellungspsychologisch orientierte Imagetheorie ist heute in der Marketingliteratur das vorherrschende Konzept. Sie sieht das Image als Einstellung. (Kroeber-Riehl und Weinberg 1996, S. 196 f.; Lieber 1995, S. 4). Die Einstellung beschreibt die „Gleichartigkeit oder Kovariation einer Vielzahl von Verhaltensweisen einer Person bzgl. eines Objektes oder Situation" (Lieber 1995, S. 4). Dabei kann jeder Gegenstand als Einstellungsobjekt dienen. Einstellung beschreibt den „Zustand einer gelernten und relativ dauerhaften Bereitschaft, in einer entsprechenden Situation gegenüber dem betreffenden Objekt regelmäßig mehr oder weniger stark positiv bzw. negativ zu reagieren" (Trommsdorff 1998, S. 143). Da nach der einstellungspsychologisch orientierten Imagetheorie die Einstellungstheorie als theoretisches Fundament zur Erklärung des Images herangezogen wird (Müller-Hagedorn 1992, S. 251), kann dass Image auch als ein mehrdimensionales Einstellungskonstrukt[5] angesehen werden (Kroeber-Riehl und Weinberg 1996, S. 196; Trommsdorff 1980, S. 121).

Trommsdorff (1980) kritisiert, dass die ökonomisch orientierte Imagetheorie auf einer mangelnden theoretischen Fundierung basiert. Es fehlt an aufgestellten und empirisch überprüften Hypothesen über die Funktionen und Wirkungen von Images. Es geht rein um die Nutzung des Images zur Benennung von Phänomenen, ohne diesen Zusammenhang zu belegen. Auch beim gestaltungspsychologisch orientierten Imagekonzept fehlt eine ausreichende empirische Begründung der Aussagen über das Image und dessen Funktionen sowie entsprechende messtheoretische Verfahren. Die Abhandlung des Images als reines Konnotationssystem bringt Schwierigkeiten bei der Ableitung konkreter Gestaltungsempfehlungen in der Marketingpolitik (Trommsdorff 1980, S. 118 ff.).

Letztendlich haben die Mängel der vorherigen Konzeptionen dazu geführt, dass sich die einstellungspsychologisch orientierte Imagetheorie in der Literatur durchgesetzt hat. Kroeber-Riehl und Weinberg (1996, S. 196 f.) würde sogar so weit gehen, und den Image- durch den Einstellungsbegriff ersetzen. Der Vorteil des Konzeptes liegt in den bereits vorhandenen Erfahrungen in der empirischen Einstellungsforschung und den bereits entwickelten Methoden, welche man auf das Image übertragen kann. Das Image kann somit in bestehende theoretische Ansätze integriert und als spezifische Form des mehrdi-

[5] Mehrdimensional, da man unter der Konzeption von Einstellungen die Verknüpfung von kognitiven, affektiven und konativen Komponenten gegenüber einem Objekt versteht (Kroeber-Riehl und Weinberg 1999, S. 169).

mensionalen Einstellungskonstrukts konzipiert werden (Kroeber-Riehl und Weinberg 1996, S. 196).

3.2.3 Image vs. Einstellung

Der vorherige Abschnitt hat die einstellungspsychologisch orientierte Imagekonzeption als die derzeit geltende und praktizierende Theorie dargestellt. Kern dieser Konzeption liegt in der Festlegung, dass das Image als eine Form des mehrdimensionalen Einstellungskonstrukts angesehen werden kann. Der Einstellungs- und der Imagebegriff können jedoch nicht, wie Kroeber-Riehl und Weinberg (1999, S. 167) dies vorschlagen, als Synonym angesehen werden (Essig et Al. 2003, S. 26). Das Image vereint in sich alle relevanten Einstellungskomponenten (Essig et Al. 2003, S. 22). Trommsdorff (1998) definiert die Einstellung als „Zustand einer gelernten oder relativ dauerhaften Bereitschaft, in einer entsprechenden Situation gegenüber dem betreffenden Objekt regelmäßig mehr, oder weniger stark, positiv bzw. negativ zu reagieren“ (Trommsdorff 1998, S. 143).

Johannsen (1971, S. 55) hat drei *Gemeinsamkeiten* von Image und Einstellung erarbeitet. Beide Konstrukte beinhalten eine kognitive, affektive und konative Komponente. Des Weiteren besitzen sie einen sozialen, personalen und auch evaluativen Charakter. Schlussendlich helfen sowohl Image als auch Einstellung Individuen bei der Orientierung in ihrer sozialen Umwelt und bei der Steuerung ihres Verhaltens (Essig et Al. 2003, S. 26). Neben den Gemeinsamkeiten gibt es aber auch einige *Unterschiede* (Essig et Al. 2003, S. 27). Die Einstellung ist gegenüber dem Image insofern klarer und bewusster, da eine geringere Komplexität und Verschwommenheit vorliegt. So ist sich ein Individuum seiner Einstellung bewusst, wohingegen Imagevorstellungen meist unbewusst auf Individuen einwirken (Schweiger 1995, Sp. 916). Einstellungen entstehen nach einer längeren Auseinandersetzung des Individuums mit dem Gegenstand und sind somit rationaler und weniger gefühlsbetont (Wehr 2001,

S. 10). Daraus lässt sich ableiten, dass Einstellungen konstanter sind und resistenter gegenüber neuen Informationen auftreten. Letzter Unterscheidungspunkt ist die größere Unabhängigkeit individueller Einstellungen, welche eine bessere Vergleichbarkeit zwischen Individuen ermöglicht. Da sie weniger von persönlichen Einflüssen diktiert wird, weist sie sowohl eine größere Stabilität als auch eine höhere Verallgemeinerbarkeit auf (Schweiger 1995, S. 915 f.).

Nach Simon et Al. (1995, S. 105 ff.) gibt es zwei Ausprägungen der Einstellung: die Attraktivität und die Präferenz. Die *Attraktivität* findet sich in der frühen Phase der Entscheidung wieder, wo man aus allen Einstellungsobjekten diejenigen herausfiltert, die auf dem ersten Blick attraktiv erscheinen. Hier liegt ein enger Zusammenhang mit der Bekanntheit des Objektes vor. Vor allem die frühen Eindrücke des Unternehmensimage haben einen großen Einfluss auf die empfundene Attraktivität (Lieber 1995, S. 32). Die Attraktivität eines Arbeitgebers kann man als den vergegenwärtigten Nutzen bezeichnen, den ein potentieller Mitarbeiter in der Arbeit bei einem bestimmten Unternehmen sieht (Aiman-Smith et Al. 2001, S. 221; Berthon et Al. 2005, S. 151/156).

Die *Präferenzen* bilden sich erst im weiteren Entscheidungsprozess, wenn sich das Bild gefestigt hat und die Wahrnehmung rationaler verläuft. Eine Person entwickelt die größten Präferenzen bei dem Objekt, welches am ehesten seine Anforderungen erfüllen kann (Simon et Al. 1995, S. 105 f.). So verringert sich die Anzahl der Objekte, für welche man Präferenzen entwickelt erheblich gegenüber der Anzahl der Attraktivitätsobjekte. Für diese Studie wird keine solch strenge Unterteilung der einzelnen Konstrukte je nach Entscheidungssituation vorgenommen. Für die Auswahl von Arbeitgebern hat die empfundene Attraktivität Einfluss auf den Nutzen, den ein potentieller Bewerber in einem Beschäftigungsverhältnis sieht. Dieser Nutzen trägt dann zur Präferenzbildung bei. Bereits in Kapitel 2.4.1.1 wurde die Präferenzbildung als entscheidende Funktion einer Employer Brand deklariert. Hier wird nun ersichtlich, an welcher Stelle im Kontext des Employer Branding die Präferenzen gebildet werden.

Für den weiteren Verlauf der Untersuchung kann das Employer Image als mehrdimensionales Einstellungskonstrukt verstanden werden (Kroeber-Riel und Weinberg 2003, S. 168 ff.; Trommsdorff 2003, S. 150 f.), welches das in der Psyche relevanter Zielgruppen fest verankerte, verdichtete Vorstellungsbild von einem Arbeitgeber widergibt (Burmann und Meffert 2007, S. 53). Die Einstellung gegenüber einem Arbeitgeber bringt zum Ausdruck, wie gerne eine Person bei einem Unternehmen arbeiten möchte (Simon et Al. 1995, S. 104).

3.2.4 Imagekomponenten

Es gibt zwei Ansätze zur Klärung der Imagekomponenten. Bei der *eindimensionalen Theorie* besteht die Einstellung aus einer Komponente. Bekannter Vertreter dieser Theorie war Thurstone (1931), welcher die Einstellung als „the affect for or against a psychological object“ (Fishbein 1967, S. 20 in Anlehnung an Thurstone 1931) bezeichnet hat. So ist die Einstellung die affektive Zu- oder auch Abneigung einer Person gegenüber einem Einstellungsobjekt (Pepels 1995, S. 58). Auf Grundlage dieser Theorie wurden die bekanntesten Messverfahren, wie die Likert- oder Thurstone-Skala oder auch das Semantische Differential konstruiert (Fishbein und Ajzen 1972, S. 493 f.).

Aufgrund der Möglichkeit einer tiefgründigeren Analyse stellt heutzutage die *mehrdimensionale Theorie* für die meisten Forscher die Grundlage dar (Essig et Al. 2003, S. 23; Fishbein und Ajzen 1972, S. 439 f.). Am bekanntesten ist hier das Drei-Komponenten-Modell von Rosenberg und Hovland (1960), welches die Einstellung in kognitive, affektive und konative Komponenten unterteilt. In der Literatur werden ein- und mehrdimensionaler Ansatz meist als Widerspruch angesehen. Trommsdorff (1975, S. 10 f.) sieht hier einen Fehler in der Betrachtungsweise. So sind beide Ansätze als eindimensional anzusehen, da sie nur auf eine Dimension geprägt sind, nämlich gut-schlecht oder auch positiv-negativ. So muss man den mehrdimensionalen Ansatz korrekterweise als Mehr-Komponenten-Ansatz oder als eindimensionalen Ansatz mit mehr als nur einer Komponente bezeichnen. Anzumerken ist, dass trotz der weiten Verbreitung des Drei-Komponenten-Ansatzes, bei der Datenerhebung aus Komplexitätsgründen häufig wieder auf den eindimensionalen Ansatz zurückgegriffen wird (Fishbein und Ajzen 1972, S. 493).

Kognitive Komponente (denken)

Die kognitive Einstellungskomponente beinhaltet die subjektiven Informationen und das Wissen, welches man über das Einstellungsobjekt erhält. Dazu zählt die Aufnahme wahrgenommener Reize, deren Einordnung, Vereinfachung und Speicherung. Zusätzlich beinhaltet es die persönliche Einschätzung erhaltener Informationen und das auf dieser Grundlage gebildete Urteil (Bruhn 2003, S. 135; Fopp 1975, S. 30; Kroeber-Riehl und Weinberg 1999, S. 169). Durch die Typisierung und Vereinfachung der Reize ist es möglich, auch komplizierte, schwer überschaubare Zusammenhänge zu bewältigen (Johannsen 1971, S. 77). Nach Krech et Al. (1962) handelt es sich hier um „the beliefs of the individual about the object" (Krech et Al. 1962, S. 140). In Bezug auf die Einstellung gegenüber einem potentiellen Arbeitgeber handelt es sich um das Wissen und die Erfahrungen, die man über den Arbeitgeber gesammelt hat (Simon et Al. 1995, S. 107). So wirken neue Informationen in den meisten Fällen auf die kognitive Einstellungskomponente (Petkovic 2007, S. 99).

Affektive Komponente (fühlen)

Die affektive Komponente bildet die gefühlsmäßige Grundlage der positiven oder negativen Bewertung (Nieschlag et Al. 2002, S. 596). Sie beinhaltet die mit dem Einstellungsobjekt verbundenen Emotionen und Bedürfnisse eines Individuums. Die freigesetzten Emotionen führen zu einer Bewertung und somit einer Einstellung gegenüber dem Objekt (Kroeber-Riehl und Weinberg 1999, S. 169; Meffert 2000, S. 119). Einstellungen aus Sicht der affektiven

Komponente sind Emotionen, welche mit dem Objekt in Verbindung gebracht werden (Krech et Al. 1962, S. 140) und neben den Informationen entscheidend zur Einstellung beitragen (Johannsen 1971, S. 78). Sie beinhalten alle Facetten des Zusatznutzens und machen ein Objekt charakteristisch und einzigartig (s. Kap. 3.3.1). Somit zählen bzw. wirken die Konstrukte Vertrauen, Identifikation und Prestige zum bzw. auf den affektiven Teilbereich der Einstellung bzw. des Images (Petkovic 2007, S. 100 f.). Für Bewerber besteht die affektive Komponente in der empfunden Zu- oder auch Abneigung gegenüber einem Unternehmen als Arbeitgeber (Simon et Al. 1995, S. 107). Diese in der affektiven Komponente enthaltenen Gefühle und Emotionen der Bewerber, welche eine Employer Brand auslösen kann, geben dem Arbeitgeber erst den Charakter einer Marke (Nieschlag et Al. 2002, S. 596; Petkovic 2007, S. 100).

Konative Komponente (handeln)

Als Schlussfolgerung aus den vorherigen Komponenten geht es bei der konativen Komponente um die Tendenz eines Individuums, sich gegenüber dem Einstellungsobjekt in einer bestimmten Art und Weise zu verhalten (Krech et Al. 1962, S. 140; Kroeber-Riehl und Weinberg 1999, S. 169; Meffert 2000, S. 119). Zu beachten gilt, dass dir Handlungsabsicht und nicht um die tatsächliche Ausführung entscheidend ist (Petkovic 2007, S. 101). So sind Einstellungen meinungs-, verhaltens- und auch handlungsbestimmend (Johannsen 1971, S. 80). Die konative Einstellungskomponente stellt die finale Größe des Entscheidungsprozesses der Bewerber dar, bei der Themengebiete wie der Vertragsabschluss, die Loyalität oder auch eine die Weiterempfehlung höchstwahrscheinlich wirksam werden. Sie repräsentiert die Wahrscheinlichkeit der Entscheidung für einen bestimmten Arbeitgeber (Petkovic 2007, S. 101).

Grundsätzlich geht man von der Konsistenz aller Einstellungskomponenten aus (Kroeber-Riehl und Weinberg 1999, S. 170). Aussagekräftig ist die Definition von Krech et Al. (1962), welcher alle herausgearbeiteten Bestandteile der

Einstellung in einer Definition vereint hat: „As the individual develops, his cognitions, feelings, and action tendencies with respect to the various objects in his world become organized into enduring **SYSTEMS** called attitudes“ (Krech et Al. 1962, S. 139).

Das Ziel der Implementierung des Employer Branding in den Unternehmenskontext ist die Erlangung des Status eines „Employer of Choice“. Der Begriff des „Employer of Choice“ stammt aus der angelsächsischen Literatur (Vgl. Backhaus und Tikoo 2004) und verkörpert die Bevorzugung eines Arbeitgebers gegenüber anderen Arbeitgebern (Süß 1996, S. 109 ff.). Es handelt sich demzufolge um die arbeitgeberbezogene Präferenzentscheidung potentieller Bewerber. Im Mittelpunkt der Betrachtung steht dementsprechend das *Präferenzkonstrukt*. Die Präferenz ist ein hypothetisches Konstrukt aus der Konsumentenforschung, welches häufig für Wahlentscheidungen unterschiedlicher Art herangezogen wird (Fischer 2001). Auch im Falle des Employer Branding kann man sich der Präferenz bedienen, da der Bewerber als nachfragender Konsument auf der Suche nach einem passenden Job gesehen werden kann (Petkovic 2007, S. 9). Sie kann als die dem Verhalten eines Individuums vorgelagerte Größe im Sinne einer Entscheidungsgrundlage betrachtet (Fischer 2001, S. 15) und durch ihre direkte Einflussnahme auf das Wahlverhalten auch als akquisitorisches Potential[6] bezeichnet werden (Gutenberg 1984, S. 243).

In Bezug auf den Untersuchungsgegenstand dieser Studie kann die Bildung von Arbeitgeberpräferenzen als finale Schlüsselgröße für die Gewinnung und Bindung von Mitarbeitern gelten (Petkovic 2007, S. 10), denn es ist davon auszugehen, dass die Bewerber den Arbeitgeber auswählen, für den sie die höchste Präferenz empfinden (Nieschlag et Al. 2002, S. 609 ff.). Präferenzen bilden sich auf Basis eines mehrstufigen Entscheidungsprozesses, welcher

[6] Das akquisitorische Potential umfasst alle nichtpreislichen Vorteile (Image, Qualität u.a.), die eine Unternehmung aus der Sicht aktueller und potentieller Kunden bietet.

beim Arbeitgeberwahlprozess in zwei Phasen unterteilt werden kann: die Präselektions- und die Selektionsphase (Simon et Al. 1995, S. 55; Teufer 1999, S. 174).

3.2.5 Verknüpfung des Drei-Komponenten-Modells mit dem Präferenzmodell der Arbeitgeberwahl

3.2.5.1 Die Präselektionsphase

Die *Präselektionsphase* bezeichnet den Zeitraum bis zur Versendung der Bewerbung an ein bestimmtes Unternehmen. In dieser Phase des Auswahlprozesses entscheiden Bewerber, welches Unternehmen überhaupt als potentieller Arbeitgeber für sie in Frage kommen würde. Heutzutage haben qualifizierte Mitarbeiter den Vorteil, dass Sie sich ihren Arbeitgeber aussuchen können (Teufer 1999, S. 171f.). Teufer (1999, S. 172) bezeichnet diese Phase auch als Selbstselektion, da das Unternehmen auf den Auswahlprozess keinen direkten Einfluss nehmen kann. Hier ist entscheidend, ob das Unternehmen als Arbeitgeber bekannt ist, attraktiv bewertet wird und somit im Berücksichtigungsfeld des Bewerbers enthalten ist (Kranz 2004, S. 89). Es ist wichtig, dass ein Unternehmen die erste Vorselektion des Bewerbers übersteht, denn aufgrund hoher Suchkosten kann sich ein Bewerber nicht mit jedem Unternehmen auseinandersetzen (Kranz 2004, S. 90). Eine Bewerbung, so fern man nicht schon praktische Erfahrungen in Form eines Praktikums oder ähnlichem in einem Unternehmen gesammelt hat, erfolgt immer auf Grundlage weniger Informationen über das Unternehmen als Arbeitgeber. Denn einerseits hat man bis dato noch keine Erfahrungen mit dem Unternehmen und andererseits bieten die Unternehmen eine geringe Transparenz bzgl. ihrer Arbeitsgegebenheiten (Simon et Al. 1995, S. 56 f.; Wiltinger 1997, S. 58 f.). Deshalb kann die Informationseffizienz der Marke als entscheidendes Kriterium zur Kompensation der Intransparenz herangezogen werden und das Risiko einer Bewerbung beim „falschen“ Unternehmen reduzieren (Kranz 2004, S. 90; Teufer 1999, S. 209 f.). So ist es bspw. im Hinblick auf die zukünftige Karriere weniger riskant, bei einem Unternehmen mit einem guten Ruf beschäftigt zu sein. Denn dort bieten sich bei einem erneuten Stellenwechsel wesentlich mehr Alternativen.

Viele Faktoren, die bei Nichterfüllung eigentlich zu einem Knock Out der Arbeitgeber führen würden (bspw. das Arbeitsklima), sind von Außenstehenden nicht wahrnehmbar. Bei wichtigen, aber nicht beobachtbaren Anforderungen wird meistens von einem affektiv dominierten Gesamtbild des Unternehmens auf andere kognitive Arbeitgebermerkmale, wie dem Anspruchsniveau der Tätigkeit, geschlossen (Simon et Al. 1995, S. 108). Das Employer Image kann dann, bei fehlenden profunden Informationen über den Arbeitgeber, Einfluss auf die Entscheidung des Bewerbers nehmen (Simon 1984, S. 326 f.). Für das Unternehmen ist dieser Schritt sehr wichtig, da der Bewerber zuerst den Kontakt herstellen muss, damit man direkt Einfluss auf seine Entscheidungen nehmen kann (Lieber 1995, S. 32). Zu beachten gilt, dass nicht nur das Bild als Arbeitgeber, sondern auch die Erfahrungen und Wahrnehmungen, die ein Bewerber als Kunde mit dem Unternehmen gemacht hat, entscheidend sind (Simon et Al. 1995, S. 108). Denn wenn dem Bewerber keine problemspezifischeren Erfahrungen zu Grunde liegen, kann auch schon die nichtigste Information für die Wahrnehmung von Image und Attraktivität entscheidend sein (Henzler 1975; Simon et Al. 1995, S. 108 f.). In der frühen Phase der Bewerbung spielen aufgrund fehlender Informationen die affektive und intensionale Komponente des Employer Image eine bedeutende Rolle (Simon et Al. 1995, S. 108).

3.2.5.2 Die Selektionsphase

Mit Versendung der Bewerbung und Kontaktaufnahme mit dem Unternehmen endet die Präselektionsphase und bei Interesse seitens des Unternehmens beginnt die *Selektionsphase*. In der Selektionsphase wird das relevante Entscheidungsfeld des Bewerbers mit Hilfe der im Laufe des Auswahlprozesses gesammelten Erfahrungen mit dem Unternehmen definiert (Kranz 2004, S. 90). Sowohl die Entscheidung zur Bewerbung als auch die Annahme eines Angebotes werden vom Image des Unternehmens als Arbeitgeber beeinflusst (Simon 1984, S. 345). Da die endgültige Entscheidung für oder gegen ein Jobangebot jedoch im Gegensatz zur Bewerbung mit erheblichen Konsequenzen verbunden wird, ist der Entscheidungsprozess in höherem Maße kognitiv geprägt. Die eher spärlichen Kenntnisse über den Arbeitgeber vor der Bewerbung werden jetzt durch eine intensive Informationssuche behoben, da die vorerst allgemeinen Ansprüche an den Arbeitgeber im Laufe des Entscheidungsprozesses konkretisiert werden müssen (Wiltinger 1997, S. 59). Hat die Marke bzw. das Image in der Präselektionsphase zur Risikoreduktion beigetragen, so ändert sich jetzt die Funktion der Marke. Das Risiko kann jetzt durch eigens gesammelte Informationen und Erfahrungen im Laufe des Bewerbungsprozesses auch ohne Bezug zum Image reduziert werden (Kranz 2004, S. 91). So haben Untersuchungen gezeigt, dass das Verhalten von Recruitern indirekt Einfluss auf die Wahrnehmung der Unternehmensattribute nimmt (Teufer 1999, S. 173; Turban et Al. 1998, S. 37/38). Zeigen diese beim Bewerbungsprozess reges Interesse an dem potentiellen Mitarbeiter, so wirkt sich dies positiv auf die wahrgenommene Arbeitgeberattraktivität aus (Turban et Al. 1998, S. 38 f.). Ist der Informationsstand des Bewerbers im Bewerbungsgespräch sehr gering, kann es sein, dass die Quelle der Information, sprich der Recruiter, ein hochgradigerer Indikator zur Einschätzung des Unternehmens ist als die im Bewerbungsgespräch präsentierten Informationen (Powell 1991, S. 80).

Aufgrund zusätzlicher Information ist zu vermuten, dass der ideelle Nutzen einer Marke in den Vordergrund der Betrachtung rückt. Der Bewerber hatte die Möglichkeit, zwischenmenschliche Erfahrungen mit dem Arbeitgeber zu sammeln, bspw. in Form von Bewerbungsgesprächen und Assessment Centern. Zusätzlich repräsentiert die Marke auch eine Persönlichkeit, welche mit der eigenen Persönlichkeit des Bewerbers abgeglichen wird und eine gewichtige

Rolle bei der Arbeitsplatzentscheidung spielt (Kranz 2004, S. 91 f.; Petkovic 2007, S. 134 f.). Denn Bewerber fühlen sich von Arbeitgebern, welche die gleichen Werte und Normen verkörpern und kommunizieren, mehr angezogen (Highhouse und Lievens 2003, S. 76; Tom 1971). Hier kommt die Identifikationsfunktion der Employer Brand zum Tragen.
Franz (2004) hat eine Untersuchung der Bedeutung unterschiedlicher Funktionen der Unternehmensmarke in Abhängigkeit der Bewerbungsphasen durchgenommen. Die Ergebnisse bestätigen die Vermutung, dass die Risikoreduktionsfunktion in der Präselektionsphase eine dominante Stellung einnimmt. Ist der ideelle Nutzen einer Marke in der frühen Bewerbungsphase mehr oder weniger unbedeutend, gewinnt er in der Selektionsphase zunehmend an Gewicht. In jedem Fall ist das wahrgenommene Image des Unternehmens als Arbeitgeber entscheidend für den Arbeitgeberwahlprozess, wobei die Relevanz zwischen den Phasen variiert (Kranz 2004, S. 182).

In Bezug auf die Komponenten des Employer Image nehmen die Bedeutung und der Einfluss der kognitiven Komponente mit zunehmender Auseinandersetzung mit dem Unternehmen und den im Laufe des Bewerbungsprozesses gesammelten Erfahrungen zu (Simon et Al. 1995, S. 108). So lässt sich eine „Verschiebung von einer eher auf Gefühlen basierenden, affektiven Betrachtung von Unternehmen hin zu einer stark kognitiven, auf Informationen beruhenden Auseinandersetzung derselben in ihrer Funktion als potenzielle Arbeitgeber“ (Simon et Al 1995, S. 108) beobachten.

Es lässt sich nicht bestreiten, dass das Image eines Arbeitgebers entscheidenden Einfluss auf die Präferenzen bei der Arbeitgeberwahl und insbesondere auf die Attraktivität des Unternehmens nimmt (Fombrun und Shanley 1990; Turban et Al. 1996, S. 669). Hypothese 1 soll zur Überprüfung der Bedeutung des Images analysiert werden. Dies ist notwendig, da im Zuge der conjoint-analytischen Befragung der Präferenzen der Arbeitgeberwahl nicht explizit der Faktor Employer Image berücksichtigt wird, sondern nur das Merkmal „Arbeitgeber".

> **H 1:** Es besteht ein positiver Zusammenhang zwischen dem wahrgenommen Image gegenüber einem Arbeitgeber und dessen Nutzen bei der Arbeitgeberwahl.

Bei Unterstützung der Hypothese durch die Ergebnisse der Untersuchung wäre dann eine Aussage hinsichtlich der Bedeutung des Employer Image bei der Stellenwahl möglich.

Die eingangs dieser Studie aufgeführten Funktionen einer Employer Brand für den Arbeitgeber und auch Arbeitnehmer sollen in Form einer empirischen Untersuchung überprüft werden. Hierzu bedarf es zuerst einer theoretischen Fundierung der bereits erarbeiteten Wirkungen der Employer Brand.

3.3 Theoretische Fundierung der Wirkung einer Employer Brand

3.3.1 Nutzenelemente im Employer Branding Ansatz

3.3.1.1 Das Nutzenkonstrukt bei der Arbeitgeberwahl

Die theoretische Fundierung der Employer Brand basiert auf der Untermauerung der in Kapitel 2.4 erläuterten Funktionen, welche im Zuge der Untersuchung des Employer Branding Prozesses schon mehrmals aufgetaucht sind. Die Markenfunktionen erhöhen den Nutzenwert eines Arbeitgebers, indem sie den Bedürfnissen der jeweiligen Zielgruppe entsprechen (Petkovic 2007, S. 89[7]). Das Nutzenkonstrukt spielt beim Employer Branding eine entscheidende Rolle, da dieses bei der Entscheidung für oder gegen einen Arbeitgeber maßgeblich ist. Da sich eine Person immer für das Objekt mit dem höchsten subjektiv empfunden Nutzen entscheidet, bestimmt dieser Nutzen die Wahrscheinlichkeit des Arbeitgebers, ein „Employer of Choice" zu werden (Lange 1975, S. 117). Bei dem Nutzenkonstrukt handelt es sich um das inter-

[7] In Anlehnung an das Nutzenmodell von Vroom (1964). Danach erfolgt die Arbeitsplatzsuche nach einer Nutzenmaximierungsstrategie (Petkovic 2007, S. 16).

subjektiv nur schwer vergleichbare Maß der erwarteten und eingetretenen Bedürfnisbefriedigung (Huber et Al. 2001, S. 5 f.; Teichert 2001, S. 23). Somit steht der Nutzen in einer engen Beziehung zum Bedürfniskonstrukt. Die bereits erläuterten Funktionen einer Marke repräsentieren demzufolge die Nutzenerfüllung einer Marke, welche der Grundlage der Befriedigung von markenspezifischen Bedürfnissen entspringt (Kranz 2004, S. 36).

Da die Employer Brand ein Wahrnehmungskonstrukt und keine materielle Eigenschaft verkörpert, benötigt man eine Perspektive, welche sich von der klassischen Nutzentheorie (Lancaster 1971), die einen alleinigen Fokus auf materiellen Eigenschaften vorweist, löst und auch ein psychisches Konstrukt wie die Marke als Nutzenbestandteil zulässt. Abhilfe schafft Vershofen, der in seinen Studien zum Verbraucherverhalten eine Teilung des Nutzens in Grund- und Zusatznutzen vornimmt (Meffert 2000, S. 332 ff.; Moser 1963, S. 25 ff.). Demnach wird neben dem technisch-physikalischen Nutzen ein Zusatznutzen, bestehend aus nicht zwingend erforderlichen Erlebnissen und Empfindungen, miteinbezogen. Da insbesondere der psychologische Zusatznutzen für die Wertigkeit einer Marke von Bedeutung ist (Sommer 1998, S. 1), wurde der Vershofen'sche Zusatznutzen auch für die Markenführung übernommen (Huber et Al. 2001, S. 5 f.). Im Folgenden soll kurz auf die Rolle des Grund- und Zusatznutzen im Rahmen der Employer Brand eingegangen werden.

3.3.1.2 Die Employer Brand als Nutzenbündel

Die Employer Brand, in ihrer Eigenschaft als Nutzenbündel, als auch das Employer Image enthalten sowohl materielle (physisch-funktional) als auch immaterielle (symbolische) Komponenten (Burmann et Al. 2007, S. 3 f.; Highhouse und Lievens 2003, S. 77). Die materielle Komponente, auch als Grundnutzen oder instrumentelle/funktionale Eigenschaft bezeichnet, beschreibt das Stellenangebot bzw. den Arbeitgeber aus objektiven, konkreten und faktischen Gesichtspunkten (bspw. durch die Variablen Standort, Entlohnung und Sozialleistung) (Highhouse und Lievens 2003, S. 80). Zusätzlich vermittelt die Marke einen symbolischen Nutzen (Zusatznutzen). Dieser emotionale Markenbeitrag kann zur Vermittlung von Prestige, Werten und Gruppenzugehörigkeit führen und ebenso als Mittel zur Selbstverwirklichung verstanden werden (Burmann et Al. 2007, S. 10 f., Burmann und Meffert 2007, S. 55).

Vorhandene Imageanalysen zeigen, dass die symbolischen, nicht beobachtbaren Arbeitgebermerkmale an Bedeutung gewinnen (Burmann et Al. 2007, S. 10). Zu ihnen zählen bspw. mögliche Karriere- und Entwicklungsmöglichkeiten sowie das vorherrschende Arbeitsklima (Schmidtke 2002, S. 185). So wird der Schwerpunkt bei der Markenbildung verschoben. Ging es bisher vordergründig darum „was die Marke macht“, repräsentiert Sie nun ein bestimmtes Gefühl (Barrow und Mosley 2005, S. 59). Der Grund für diese Verschiebung liegt darin begründet, dass man sich durch funktionelle Merkmale nicht mehr von der Konkurrenz differenzieren kann und Gefühle oder Emotionen im Gegensatz zu faktischen Gegebenheiten schwieriger zu kopieren sind (Backhaus und Tikoo 2004, S. 506). Mit Hilfe von einzigartigen symbolischen Eigenschaften einer Marke kann man sich effektiver auf dem Markt differenzieren (Highhouse und Lievens 2003, S. 82/92/95). Es muss jedoch bedacht werden, dass nur eine Kombination aus instrumentellen und symbolischen Merkmalen einen kompletten Einblick in das Unternehmen als Arbeitgeber gewährt und somit zur Differenzierung beitragen kann. Die Attraktivität eines Arbeitgebers basiert auf beiden Komponenten, wobei den symbolischen Komponenten eine höhere Gewichtung zukommt (Highhouse und Lievens 2003, S. 81/90/95).

Ein weiterer Grund liegt in der Intransparenz der Unternehmen als Arbeitgeber. Denn bevor man sich den sachlichen Fragen widmen kann bzw. will, muss in einem ersten Schritt erst die Hürde des Erscheinungsbildes in Form des Images genommen werden (Brinkmann 1996, S. 60). Deswegen ist es nicht verwunderlich, dass starke Marken sich in Verbindung mit assoziierten

Gefühlen, Werten und Bilder und weniger mit rationalen Sachverhalten auszeichnen (Esch 2004, S. 90).

3.3.1.3 3-Faktoren-Theorie von Behling et Al. (1968)

Analog zur Analyse des Nutzenkonstruktes kann *die 3-Faktoren-Theorie von Behling et Al.* (1968) betrachtet werden. Diese haben mit der Objective Factor Theory, Subjective Factor Theory und Critical Contact Theory drei verschiedene Sichtweisen für die Hintergründe der Arbeitgeberwahl von Individuen geliefert. So hängt die Arbeitgeberwahl von unterschiedlichen Gruppen von Faktoren ab. Die *Objective Factor Theory* vertritt die These, dass die Arbeitgeberwahl von mess- und gewichtbaren Kriterien wie Entlohnung, Standort, Branche etc. abhängt (Tom 1971, S. 574). Bei dem Entscheidungsprozess handelt es sich um ein rationales gewichten, vergleichen und bewerten von mess- und beobachtbaren Unternehmenseigenschaften (Behling et Al. 1968, S. 14 f.). Obwohl es individuelle Unterschiede gibt, geht man von einem Set von Eigenschaften aus, nach dem man seine Wahl richten kann (Tom 1971, S. 574 f.).

Bei der *Critical Contact Theory* haben die Unternehmenseigenschaften, egal ob objektiv oder subjektiv, keinen Einfluss auf den Arbeitgeberwahlprozess, da man diese aufgrund der wenigen oder gar nicht vorhanden Informationen und Erfahrungen nicht beurteilen kann. Die einzigen Informationen erhält man durch die Interaktion mit den Recruitern während des Bewerbungsprozesses. So wird die Wahrnehmung auf Grundlage jener Begegnung Basis für die Entscheidung des Bewerbers sein (Süß 1996, S. 70 f.; Tom 1971, S. 575).

Nach der *Subjective Factor Theory* fußt die Entscheidung nicht auf den objektiven Faktoren des Unternehmens. Vielmehr spielen die persönlichen und emotionalen Eigenschaften mit dem Unternehmensimage als wichtigster Determinante eine entscheidende Rolle, womit es sich um eine subjektive, nicht rationale Entscheidung handelt (Behling et Al. 1968, S. 17). Da sowohl die objektiven Faktoren als auch die Wahrnehmung des Unternehmens im Bewerbungsprozess Einfluss auf das Image nehmen, beinhaltet diese Theorie im Ansatz die beiden vorherigen (Tom 1971, S. 575). So können die objektiven Faktoren als eine positive oder negative Bestätigung des wahrgenommenen Images dienen (Teufer 1999, S. 28).

Für die Studie soll demnach folgende Vermutung untersucht werden:

H 2:	Die symbolischen Eigenschaften haben eine höhere Bedeutung bei der Präferenzwahl als die instrumentellen Arbeitgebereigenschaften.

Die Subjective Factor Theory von Behling et Al. (1968) ähnelt der Theory of vocational choice von Super (1953). Demnach kann man die berufliche Entwicklung mit der Entwicklung und Implementierung eines Selbstkonzeptes vergleichen (Tom 1971, S. 575). Die objektiven Eigenschaften können dann als Mittel zur Umsetzung seines Selbstkonzeptes gesehen werden (Teufer 1999, S. 28). Die Entscheidung hängt somit von der Kongruenz zwischen persönlichen Eigenschaften und dem Image ab (Behling et Al. 1968, S. 17).

Im Rahmen *verhaltenswissenschaftlicher Theorien* wird auf die Beziehungstheorie und insbesondere auf die Theorie des Selbstkonzeptes, welche sich mit der Wechselwirkung der Persönlichkeit der Marke und der Persönlichkeit der wahrnehmenden Person auseinandersetzt, ausführlich eingegangen (Bierwirth 2003, S. 90; Meffert und Bierwirth 2005, S. 153). Die Identifikationsfunktion einer Marke steht hierbei im Fokus der Betrachtung (Bierwirth 2003, S. 89 ff.). Es geht nicht um den instrumentellen Nutzen einer Marke, sondern um dessen Zusatznutzen (Sommer 1998, S. 25 ff.). Dieser besteht in der Befriedigung nicht-materieller Bedürfnisse von Individuen (Kranz 2004, S. 68), welche nur schwer greif- und analysierbar sind (Petkovic 2007, S. 130).

Zuvor soll jedoch der Beitrag der *neuen Institutionenökonomik* zur Erklärung der Wertbeiträge einer Employer Brand anhand der Theorie des wahrgenommenen Risikos und der Informationsökonomie skizziert werden. Im Gegensatz zur neoklassischen Theorie geht die Institutionenökonomik nicht von der Prämisse eines vollkommenen Marktes und rationalem Verhalten aus (Picot et Al. 2002, S. 54 f.). Aufgrund der Unvollkommenheit der Märkte zählen das Risiko und die Unsicherheit bei Entscheidungen zu den zentralen Komponenten des neoinstitutionellen Paradigmas. So liefert die Institutionenökonomik erkenntnisbringende Beiträge zur Reduktion der Unsicherheit bei Entscheidungen (Petkovic 2007, S. 109).

3.3.2 Erklärungsansätze der Neuen Institutionenökonomik

3.3.2.1 Transaktionskostentheorie

Der Grundgedanke der Transaktionskostentheorie basiert auf der Feststellung, dass das Abwickeln von Transaktionen Kosten verursacht (Coase 1960). Transaktionskosten entstehen auf Basis der Annahme eines unvollkommenen Marktes, in dem unvollständige und asymmetrische Informationsverteilungen dazu beitragen, dass Informations- und Suchkosten für die Marktteilnehmer entstehen. Aufgrund der begrenzten Rationalität der Marktteilnehmer besteht Entscheidungsunsicherheit, die durch die kostenbringende Gewinnung und Verarbeitung von spezifischen Informationen zu reduzieren versucht wird (Richter und Furubotn 1999, S. 50 ff.). Die stetig vorhandene Unsicherheit bei Transaktionen ist einer der bedeutendsten Treiber von Transaktionskosten (Williamson 1990, S. 59 ff.). Eine Marke birgt ein sehr hohes Transaktionskostensenkungspotential und ist somit von erheblichem ökonomischem Wert. In ihrer Funktion als „information chunk“ symbolisiert sie bestimmte Inhalte und kann zu einer Verbesserung der subjektiven Wahrnehmung des Informationsstandes führen. Dies wirkt sich wiederum positiv auf die empfundene Unsicherheit im Sinne einer reduzierenden Wirkung aus. Je geringer die empfundene Unsicherheit bzgl. einer Entscheidung ist, desto geringer ist das Bedürfnis nach Informationen und somit der Aufwand zur Informationssuche. Folglich sinken auch die Transaktionskosten (Gemünden 1985, S. 34 ff..; Koppelmann 1994, S. 225). Auf dem Arbeitsmarkt besteht die Transaktion in der Bereitstellung von Arbeitskraft (Teufer 1999, S. 94 ff.). Die Kosten entstehen seitens der Bewerber durch die Suche nach Arbeitgeberinformationen. Ein ausgeprägtes Employer Image kann dazu führen, dass das Informationsbedürfnis der Bewerber reduziert wird.

3.3.2.2 Informationsökonomie

Die Informationsökonomie als wichtiges Teilgebiet der Institutionenökonomik widmet sich der Verteilung von Informationen unter der Annahme entstehender Informationskosten (Dörtelmann 1997, S. 60). Grundlage ist das Prinzip der beschränkten Rationalität, nach dem ein Individuum nicht in der Lage ist, alle ihm zur Verfügung stehenden Informationen effizient zu nutzen. Aufgrund der beschränkten Kapazität des Informationsverarbeitungssystems muss die Aufnahme und Verarbeitung von Informationen selektiv erfolgen (Kirsch 1970, S. 62 ff.). Auf unvollkommenen Märkten stehen Individuen nie alle Informationen zur Verfügung und es kommt zu Informationsasymmetrien zwischen den Marktteilnehmern. Eine Beseitigung von Informationsasymmetrien verursacht Kosten und kann nie in vollständigem Maße erfolgen (Adler 1996, S. 11 f.), so dass immer ein bestimmter Grad an Restunsicherheit vorhanden bleibt (Kaas 1991, S. 358). Auf dem Arbeitsmarkt finden sich die Informationsasymmetrien zwischen Arbeitgeber und Arbeitnehmer wieder. Die Informationsverteilung liegt hier zu Ungunsten der potentiellen Arbeitnehmer vor (Schmidtke 2002, S. 186), da das Bedürfnis nach Informationen über den Arbeitgeber und das Umfeld sehr hoch ist, dieser sich jedoch als sehr intransparent zeigt (Lange 1975, S. 117). Die Arbeitgeberwahl ist daher mit einem nicht unerheblichen Maß an Unsicherheit behaftet.

Es lassen sich zwei verschiedene *Arten von Unsicherheit* kategorisieren. Die Marktunsicherheit ergibt sich endogen aus dem Verhalten der Markpartner. Die Umweltunsicherheit ist exogen gegeben und somit für alle Marktteilnehmer nicht beeinflussbar (Kaas 1992, S. 886 f.). Bei der Informationsökonomie betrachtet man ausschließlich die auf endogene Ursachen zurückzuführende Ungleichverteilung von Informationen (Ernst 1990, S. 28). Das Ausmaß der informativen Unsicherheit lässt sich anhand drei verschiedener Eigenschaften klassifizieren. Nelson (1970, S. 318 ff.) hat mit der Differenzierung nach Such- und Erfahrungseigenschaften als erstes eine Unterscheidung vorgenommen, welche Darbi und Karni (1973, S. 69 ff.) dann kurze Zeit später durch die Zuführung von Vertrauenseigenschaften komplettiert hat.

Bei *Sucheigenschaften* können Gegebenheiten durch Recherche überprüft werden. D.h. man kann Informationen sammeln und somit Unsicherheiten beseitigen. Bei *Erfahrungseigenschaften* lässt sich die vorhandene Unsicherheit durch die Suche von Informationen vor Abschluss der Transaktion nicht beseitigen. Wie der Begriff schon ausdrückt, kann man erst nach der Transaktion mit Hilfe von eigenen Erfahrungen bestehende Unsicherheiten beseitigen. Entweder gar nicht oder nur sehr schwer und in Verbindung mit hohen Kosten lassen sich Unsicherheiten bei *Vertrauenseigenschaften* reduzieren. Hier kann man keine Informationen finden und muss deswegen auf den Marktteilnehmer vertrauen.

Die Einordnung von Merkmalen in die verschiedenen Eigenschaftsklassen erfolgt nach keinem festgelegten Schema, sondern auf Basis der individuellen Wahrnehmung und aus dem situativen Kontext heraus (Weiber und Adler 1995, S. 59). So ist ein Stellenangebot mit den damit verbundenen Merkmalen und deren Einordnung ebenso von der individuellen Sichtweise abhängig (Teufer 1999, S. 100 f.). Trotzdem kann man eine ungefähre Einordnung der verschiedenen Jobkomponenten vornehmen. Bei den Sucheigenschaften handelt es sich um sogenannte „search qualities“ (Nelson 1970, S. 318 f.;

Weiber und Adler 1995, S. 54). Demnach kann man alle Merkmale dazuzählen, deren Suchaufwand keine hohen Kosten verursachen und deren Risiko gegen Null tendiert. Dies ist immer dann der Fall, wenn die Merkmale vor Abschluss der Transaktion im Arbeitsvertrag festgehalten werden können (Teufer 1999, S. 99). Das wichtigste Merkmal ist das Einkommen, aber auch Sozialleistungen zählen bspw. dazu (Meffert und Bierwirth 2001, S. 6; Petkovic 2007, S. 116). Zu den Faktoren, welche erst mit Eintritt in das Unternehmen festgestellt werden können, zählen z. B. die Unternehmenskultur und das Arbeitsklima (Meffert und Bierwirth 2001, S. 6; Petkovic 2007, S. 116). Diese „experience qualities" (Nelson 1970, S. 318 f.; Weiber und Adler 1995, S. 54) beinhalten deutlich höhere Informationsasymmetrien und verursachen somit auch Kosten für die Bewerber (Adler 1996, S. 69 f.). Für den Bewerber wichtige Faktoren wie die Sicherheit des Arbeitsplatzes oder auch die möglichen Karrierechancen können auch durch Einblicke in das Unternehmen nicht geklärt werden. Sie zählen deshalb zu den „credence qualities" (Darby, Karni 1973, S. 67) und verursachen hohe Kosten, ändern an der Problematik jedoch eigentlich nichts (Meffert und Bierwirth 2001, S. 6; Petkovic 2007, S. 117; Weiber und Adler 1995, S. 54).

Die Beurteilung einer Entscheidung für oder gegen einen Arbeitgeber beinhaltet drei Konsequenzen. Zum einen kann man für bestimmte Bereiche ein zufriedenstellendes Informationssuchergebnis präsentieren. Andere Faktoren kann man wiederum nur durch die eigenen Erfahrungen beurteilen oder nur durch das vorhandene Vertrauen in den Arbeitgeber substituieren (Teufer 1999, S. 100). Der Schwerpunkt der Arbeitgeberwahl liegt dabei auf den Erfahrungs- und Vertrauenseigenschaften, da die dazugehörigen Faktoren den symbolischen Eigenschaften zugeordnet werden können, welche mittlerweile eine hohe Bedeutung im Entscheidungsprozess einnehmen. Die Erkenntnisse der Informationsökonomie unterstützen die aus der 3-Faktoren-Theorie von Behling et Al. (1968) abgeleitete Hypothese 2.

Es wird ersichtlich, dass unvollständige Informationen Unsicherheiten bei den Bewerbern generieren. Die Employer Brand in ihrer Funktion als „information chunk“ konnte empirisch bestätigt werden (Jacoby et Al. 1977, S. 213 f.). Sie übernimmt eine informative Funktion und stiftet einen hohen Nutzen im Sinne eines Informationsankers (Kranz 2004, S. 59). Potentielle Bewerber interpretieren das über die Employer Brand erzeugte wahrgenommene Employer Image als ein Signal für bestimmte Arbeitgeberaspekte, welche sie nicht in Erfahrung bringen können, für ihre Entscheidung aber wichtig sind (Aiman-Smith et Al. 2001, S. 233).

3.3.2.3 Theorie des wahrgenommenen Risikos

Die Theorie des wahrgenommenen Risikos beschäftigt sich mit der Analyse von Entscheidungssituationen, welche mit dem Risiko einer Fehlentscheidung verbunden sind (Kroeber-Riehl Weinberg 2003 S. 398). Geprägt wurde das wahrgenommene Risiko als Komponente des Kaufverhaltens durch Bauer (1967, S. 24). Dieser stellte schon 1967 fest: „behavior involves risk in the sense that any action of consumers will produce consequences which he cannot anticipate with anything approximating certainty, and some of which at least are likely to be unpleasant” (Bauer 1967, S. 24). Zu den Risikoarten zählen das Ressourcen- und Qualitätsrisiko sowie das soziale und psychische Risiko (Kranz 2004, S. 60, Pepels 2001, S. 253 f.). Überträgt man die Situation der Kaufentscheidung auf die Auswahl potentieller Arbeitgeber, so lassen sich aus der Theorie des wahrgenommenen Risikos folgende Ableitungen treffen.

Durch das geringe Maß der zur Verfügung stehenden Informationen zur Entscheidungsfindung kann das empfundene Risiko eines Bewerbers als hoch eingestuft werden. Dies liegt vor allem auch in der Tragweite und geringen Reversibilität der Entscheidung für die Zukunft des Bewerbers (Teufer 1999, S. 67). Gleichzeitig lässt sich festhalten, dass mit zunehmender Entscheidungsnähe das Risikoempfinden des Bewerbers ansteigt. Indikator zur Messung des Risikoempfindens ist in diesem Fall die zunehmende Informationssuche der Individuen (Nieschlag et Al. 2002, S. 603; Trommsdorff 2002, S. 127). Je größer das wahrgenommene Risiko ist, desto höher ist die Motivation, zusätzliche Informationen zu suchen (Kroeber-Riehl und Weinberg 1996, S. 248 f.) Die durch die Folgerisiken entstehenden kognitiven Inkonsistenzen führen zu einem Streben nach Risikoreduktion (Kroeber-Riehl und Weinberg 2003, S. 399; Pepels 2001, S. 253), denn jedes Individuum strebt nach einem inneren Gleichgewicht (Kroeber-Riehl und Weinberg 2003, S. 251). Zur Risikominimierung bedienen sich Bewerber unterschiedlicher Methoden. Zum einen verstärken sie die Informationssuche um dadurch der Entscheidungsfindung mehr Sicherheit zu verleihen (Kroeber-Riehl und Weinberg 2003, S. 251). Durch eine erhöhte Transparenz des Unternehmens kann den Bewerbern Vertrauen und Sicherheit vermittelt werden (Petkovic 2007, S. 111). Zum anderen kann man auf alternative Quellen zur Risikoreduktion zurückgreifen. Hier kann die Employer Brand, wie bereits erläutert, alternativ Informationen für den Bewerber bereitstellen (de Chernatony und McDonald 1998, S. 105 f.; Katz 1983, S. 81) welche die Unsicherheit und somit das empfundene Risiko minimieren. Je größer das empfundene Risiko der einzelnen Personen ist, desto größer ist auch das Substitutionspotential der Marke hinsichtlich fehlender Informationen (Gemünden 1985, S. 27 ff.). Es lässt sich zusammenfassen, dass die Theorie des wahrgenommenen Risikos hinter der risikominimierenden Funktion der Employer Brand steht.

Sowohl die Informationsökonomie, als auch die Theorie des wahrgenommenen Risikos verweist auf die Funktion der Employer Brand als „information chunk". Demnach steht das Employer Image bei Außenstehenden stellvertretend für intransparente Arbeitgebermerkmale. Demnach sollte folgende Aussage geprüft werden:

H 3:	Es besteht ein positiver Zusammenhang zwischen der empfundenen Intransparenz von Arbeitgebern und der relativen Wichtigkeit des Merkmals *Arbeitgeber* bei der Stellenwahl.

Die vorangegangene Betrachtung der Theorien der Institutionenökonomik hat gezeigt, dass das zentrale Problem der Arbeitgeberwahl in der bestehenden Unsicherheit der potentiellen Bewerber liegt. Ursache der Unsicherheit sind unvollständige Informationen, welche in Form der Employer Brand als Schlüsselindikator substituiert werden (Meffert und Bierwirth 2005, S. 151). Wichtig ist jedoch die Glaubwürdigkeit der Marke, welche in der Informationsökonomie durch die Existenz einer Reputation begründet wird. Eine gute Reputation gibt dem Arbeitgeber das notwendige Vertrauenskapital (Kaas 1992, S. 895 f.; Meffert und Bierwirth 2005, S. 151 f.) und führt zum Abbau von Unsicherheit bei Erfahrungs- und Vertrauenseigenschaften. Die Reputation als Qualitätsanker bzw. „information chunk" wird dabei umso wichtiger, je unvollkommener die Informationen sind und je schwieriger sich die Beurteilung des Leistungsversprechens erweist (Jacoby et Al. 1977, S. 209 ff.). Bei Sucheigenschaften spielt die Reputation dementsprechend keine Rolle (Teufer 1999, S. 125). Da ein enger Zusammenhang zwischen Image und Reputation attestiert werden kann, lassen sich für das Image ähnliche Aussagen treffen.

Durch Vertrauen wird es dem Arbeitgeber möglich, das strukturelle Glaubwürdigkeitsdefizit zwischen Bewerber und Unternehmen zu beseitigen und Unsicherheiten zu reduzieren (Kaas 1990, S. 545). Nach Gutenberg (1984, S. 243 ff.) versteht man unter Vertrauen die persönlichen, sachlichen und zeitlichen Präferenzen, die ein Konsument für ein Produkt entwickelt. Solche Präferenzen ergeben sich sowohl aus eigenen als auch aus beobachteten Erfahrungen. Der Wert des Vertrauens für den Arbeitgeber liegt somit in dessen akquisitorischen Potential (Kaas 1990, S. 545). Somit kann das durch Erfahrungen und Informationen Dritter gewonnene Vertrauen als Ausgangspunkt für die unsicherheitsreduzierende Wirkung der Reputation angesehen werden (Adler 1996, S. 133). Der Bewerber muss also dem angebotenen Leistungspaket des Arbeitgebers trauen können (Petkovic 2007, S. 122).

Die Unsicherheit von Absolventen, welche im Rahmen der Suche nach einem passenden Arbeitgeber auftritt, kann durch Reputation reduziert werden. Verantwortlich für die hohe Unsicherheit ist die Dominanz von Erfahrungs- und Vertrauenseigenschaften bei der Arbeitgeberwahl. Mithilfe des Employer Image können Bewerber die Kompetenz des Arbeitgebers besser einschätzen (Teufer 1999, S.128). Voraussetzung ist jedoch, dass die Employer Brand die Qualität des Arbeitgebers in der Summe der Such-, Erfahrungs- und Vertrauenseigenschaften an die potentiellen Bewerber kommunizieren kann (Tolle 1994, S. 926 f.). Bietet man attraktive Arbeitsbedingungen, so muss die Qualität und Glaubwürdigkeit über unsicherheitsreduzierende Informationen vermittelt werden. Eine Möglichkeit hierfür stellt die Employer Brand dar. Das Employer Branding erweist sich als transaktionsfördernde und informationskostensenkende Strategie (Petkovic 2007, S. 122).

3.3.3 Verhaltenswissenschaftliche Ansätze

3.3.3.1 Theorie des Selbstkonzeptes

Die Selbstkonzepttheorie liefert einen bedeutenden Erklärungsbeitrag für die Relevanz und Funktion von Marken (Meffert und Bierwirth 2005, S. 153). Unter dem Selbstkonzept lässt sich "the totality of the individual's thoughts and feelings having reference to himself as an object" (Rosenberg 1979, S. 9) verstehen. Es ist ein System aus Zielen, Werten und Regeln, welches es jeder Person ermöglicht, seine Umwelt zu organisieren. So ist das Selbstkonzept auch das Resultat der Interaktion eines Individuums mit seiner Umwelt (Bierwirth 2003, S. 92). Die Selbstkonzepttheorie kann in zwei Subtheorien aufspalten werden: die Selbst- und die Umwelttheorie (Epstein 1993, S. 16).

In der *Selbsttheorie* wird das Selbstbild einer Person beleuchtet. Es geht um die Vorstellung einer Person über sich selbst und somit die Wahrnehmung der eigenen Persönlichkeit und Identität. Innerhalb der Selbsttheorie lässt sich nochmals zwischen dem Ideal- und Realselbst eines Individuums unterscheiden. Die Wunschvorstellungen über das eigene Selbst finden sich im Idealselbst wieder. Das Realselbst hingegen ist der Status quo des Selbst eines Individuums. Die *Umwelttheorie* dreht sich um das soziale Selbst einer Person. Dieses basiert auf den Vorstellungen außenstehender Personen über ein Individuum und stellt das Fremdbild einer Person dar. Dieses Fremdbild entsteht auf der Basis sozialer Kontakte und somit aus dem Blickwinkel der Umwelt. Das Real- und Idealselbst entsteht aus dem Blickwinkel des Individuums (Huber et Al. 2001, S. 7) und stellt daher eine interne Betrachtungsperspektive dar. In der Schnittstelle zwischen interner und externer Perspektive steht das wahrgenommene Selbst, welches die Vorstellungen eines Individuums über seine eigene Fremddarstellung beinhaltet (Burn 1979, S. 35 ff.; Epstein 1993, S. 39; Weis und Huber 2000, S. 23).

Nach der Selbstkonzepttheorie ist der identitätsstiftende Nutzen einer Marke nur dann gegeben, wenn die Person eine Bestätigung ihres eigenen Selbstbildes anhand der Persönlichkeit der Marke erfährt (Bhat und Reddy 1998, S. 40). Eine Annäherung an das eigene Idealselbst über die Markenpersönlichkeit birgt ebenso einen hohen Nutzen (Sommer 1998, S. 80). Die Wirkung einer Marke liegt dementsprechend in der Bestätigung des Selbst und der Verringerung der Distanz zwischen realem und idealem Selbst. Diese Markenfunktionen wirken ausschließlich intrapersonell und ohne Kontakt zur Umwelt (Sommer 1998, S. 86 ff.). Deshalb sind Sie auch schwer identifizier- und messbar. Die Messung der durch den Zusatznutzen einer Marke ausgelösten Identifikationsfunktion kann nur durch die intrapersonelle Bewertung der Wirkungen erfolgen und ist nicht überprüfbar (Hogg et Al. 2000, S. 642).

Die Marke erfüllt zusätzlich eine expressive Identifikationsfunktion. So will man durch die Marke sein eigenes Selbst zum Ausdruck bringen und sich von anderen differenzieren (Heath und Scott 1998, S. 1110). Auch das Fremdbild soll, ähnlich wie das Selbstbild, an das Idealselbst angenähert werden (Sommer 1998, S. 86 ff.). Ziel des Individuums sind positive Signale seitens seiner

Umwelt hinsichtlich der gewünschten Wahrnehmungsänderung des eigenen Selbst (Hogg et Al. 2000, S. 642). Es zeigt sich, dass das Selbstkonzept als ein Orientierungs- und Steuerungssystem für das individuelle Verhalten von Personen angesehen werden kann (Trommsdorff 2002, S. 225).

Entscheidend für den Einfluss einer Marke auf das jeweilige Selbstbild eines Individuums ist dessen Persönlichkeit. Verankert ist die Persönlichkeit eines Unternehmens in dessen Identität (s. Kap. 3.1.1.2), welche über das Image an Außenstehende kommuniziert wird. Als *Markenpersönlichkeit* bezeichnet man eine Reihe von menschlichen Persönlichkeitseigenschaften, welche man mit einer Marke assoziiert (Aaker 1997, S. 347). Die Markenpersönlichkeit gewinnt immer mehr an Bedeutung, da Unternehmen und Personen die Marken mit Leben erfüllen möchten und Sie somit einzigartig und unverwechselbar werden (Hieronimus 2004, S. 18 f.). Jede Marke verfügt mittlerweile über eine ausgeprägte Markenpersönlichkeit. Diese Vermenschlichung macht einen Vergleich zwischen Markenpersönlichkeit und eigener Persönlichkeit einfacher als bei unmarkierten Produkten (Vgl. Aaker 1997). Somit kann man sich auch einfacher mit einer Marke identifizieren. Auf die Funktion der Employer Brand hat die Selbstkonzepttheorie folgende Auswirkungen. Bewerber fühlen sich von solchen Arbeitgebern angezogen, welche es ihnen ermöglichen, ihr reales Selbst zu festigen und ihrem idealen Selbst näher zu kommen (Petkovic 2007, S. 132). Die Attraktivität eines Arbeitsplatzes wird durch eine dem idealem Selbst ähnliche Arbeitgeberpersönlichkeit gesteigert und beeinflusst so die Arbeitgeberwahl (Huber et Al. 2001, S 6 f.; Tom 1971, S. 586 f.). Neben den intrapersonellen Wirkungen geht es auch um die Beeinflussung des Fremdbildes und die Verbesserung der sozialen Anerkennung (Bierwirth 2003, S. 96 f.). Man kann sich mit dem Arbeitgeber identifizieren und sich selbst auch im Bekanntenkreis positiv darstellen (Petkovic 2007, S. 131; Weis und Huber 2000, S. 37 ff.). Neben einer Identifikationsfunktion (Selbsttheorie) erfüllt die Employer Brand auch eine Prestigefunktion (Umwelttheorie) (Petkovic 2007, S. 132).

Tom (1971, S. 586 f.) konnte in seiner Untersuchung zum Rekrutierungsprozess die Aussagen des Selbstkonzepts mit seinen, im Laufe der Studie erlangten Ergebnissen, unterstützen. So konnte gezeigt werden, dass die Ähnlichkeit zwischen dem eigenen Selbst und dem des Arbeitgebers, den man am meisten präferiert, größer sein wird, als die Ähnlichkeit zwischen dem eigenen Selbst und dem des Arbeitgebers, den man am wenigsten präferiert. Es gibt also einen positiven Zusammenhang zwischen der wahrgenommenen Arbeitgeberattraktivität und der Übereinstimmung mit dem Selbstkonzept.

Der Nutzen der Personifizierung soll durch folgende Aussagen überprüft werden:

H 4.1: Die Ähnlichkeit zwischen der Persönlichkeit der Gesamtstichprobe und dem Arbeitgeber, welcher am meisten präferiert wird, ist größer, als die Ähnlichkeit zwischen der Persönlichkeit der Gesamtstichprobe und dem Arbeitgeber, welcher am wenigsten präferiert wird.

H 4.2: Die Ähnlichkeit zwischen dem eigenen Selbst und dem des Arbeitgebers, welchen man am meisten präferiert, ist größer, als die Ähnlichkeit zwischen dem eigenen Selbst und dem Arbeitgeber, welchen man am wenigsten präferiert.

Dabei soll zunächst eine Untersuchung der Gesamtstichprobe vorgenommen werden, bevor die Persönlichkeit auf Individualniveau herunter gebrochen wird.

3.3.3.2 Beziehungstheorie

Auch die Beziehungstheorie liefert einen Erklärungsbeitrag zur Identifikationsfunktion von Marken (Bierwirth 2003, S. 100; Petkovic 2007, S. 137). Wie der Name schon sagt, wird die Beziehungsebene zwischen einem Individuum und einem Objekt beleuchtet (Aaker 1996, S. 159 ff.). Dabei entstehen Beziehungen zwischen Unternehmen und Individuum wesentlich häufiger als bei einem Produkt (Aaker 1996, S. 103 f.). Voraussetzung für die Identifikation mit einem Unternehmen bzw. einer Marke ist die Betrachtung dessen als eigenständiger, aktiver und vollwertiger Partner (Bierwirth 2003, S. 100 f.; Kranz 2004, S. 76 f.). Basis für eine Wahrnehmung als Beziehungspartner ist eine Personifizierung der Marke durch die Zuschreibung von Persönlichkeitseigenschaften. Somit kann man auch von der Interaktion zweier Persönlichkeiten sprechen (Fournier 2001, S. 139 f.; Weis und Huber 2000, S. 25 ff.) So hängt die Entwicklung der eigenen Persönlichkeit auch von den im Laufe des Lebens eingegangenen Beziehungen ab. Denn die von einer Marke verkörperten Persönlichkeitseigenschaften können während der Beziehung auf die Person übergehen (Fournier 2001, S. 143).

Der Nutzen von Beziehungen liegt in deren Leistung, das individuelle Leben zu strukturieren und ihm einen bestimmten Sinn zu stiften (Forunier 2001, S. 140 f.; Hinde 1995, S. 1 f.; Kranz 2004, S. 76). Nach Fournier lassen sich *drei Sinnquellen von Beziehungen* definieren (Fournier 2001, S. 141 f.). Die psychologische Sinnquelle steht in einem engen Zusammenhang zur Aussage des Selbstkonzeptes (Petkovic 2007, S. 139). Hier geht es um die identitätsbildende Funktion einer Beziehung durch die Veränderung/Verstärkung der Persönlichkeit durch Mechanismen der Selbstachtung. Am bedeutendsten ist die sozio-kulturelle Sinnquelle von Beziehungen (Bierwirth 2003, S. 102). So bieten Beziehungen soziale Zugehörigkeit sowie Stabilität und machen es einem Individuum leichter, die eigene Persönlichkeit zu verankern. Das Bedürfnis nach sozialer Zugehörigkeit und die Fähigkeit einer Beziehung, diese auch zu erfüllen, bestimmen die Stärke der Beziehung. Als dritte und letzte Sinnquelle gilt die relationale, welche die vergangenen und jetzigen Beziehungen hinsichtlich ihrer Sinnstiftung miteinander vergleicht (Fournier 2001, S. 141 f.). Das Ziel einer Beziehung ist der Aufbau von Vertrauen, Loyalität und Identifikation (Diller 1995, Sp. 286 ff.). Die Marke als Sinnquelle liefert genau diesen Zusatznutzen, welcher aus dem Beitrag zur Unternehmenspersönlichkeit resultiert (Aaker 1996, S. 153).

Übertragen auf die Employer Brand übernimmt diese die Funktion eines Freundes, bei dem sich die Mitarbeiter wohlfühlen und dementsprechend auch loyal gegenüber seinem Arbeitgeber ist (Aaker 1996, S. 160 f.). Zustande kommt ein gutes Arbeitgeber-Arbeitnehmer-Verhältnis durch die Personifizierung der Employer Brand. Bei potentiellen Mitarbeitern besteht solch ein Verhältnis noch nicht. Hier ist es wichtig, dass man über Bindungsprogramme schon während des Studiums einen Kontakt herstellt. Somit bietet sich Externen die Möglichkeit, die Persönlichkeit eines Arbeitgebers kennen zu lernen und sich auch mit ihm zu identifizieren. Mögliche Kontakte können z. B. in Form von Praktika entstehen, bei denen Studenten Einblicke in die Unternehmenswelt erhalten. Hier kann schon das Gefühl von Zugehörigkeit vermittelt werden und in Bezug auf die späteren Zukunftsaussichten auch Stabilität und Sicherheit (Petkovic 2007, S. 139). Man kann festhalten, dass auch für Mitarbeiter, sowohl jetzige als auch potentielle, die Beziehung zur Employer Brand nutzenstiftend ist, da der Einfluss des Arbeitsplatzes auf die Persönlichkeit mehrfach herausgestellt wurde (Hinde 1995, S. 10 ff., Kranz 2004, S. 103).

3.4 Untersuchungsziele

Mithilfe der folgenden empirischen Untersuchung sollen die zuvor erarbeiteten Erkenntnisziele überprüft werden. Die Ergebnisse der Untersuchung ermöglichen es, einen Einblick in die Entscheidungsfindung bei der Arbeitgeberwahl zu erhalten. Der Bedeutungsgehalt des Employer Image wird sich herauskristallisieren und eine Aussage über die Zweckmäßigkeit der Implementierung des Employer Branding in den Unternehmenserfolg gestatten. Wie bereits in Kapitel 1.1 erläutert, liegt die Motivation dieses strategischen Ansatzes in dem drohenden Fachkräftemangel. Dementsprechend ist auch die *Zielgruppe der Studie* so ausgerichtet, dass man ein Befragungsfeld mit hohem Bildungsniveau anstrebt. Neben einem hohen Bildungsniveau liegt das durchschnittlich Alter der Zielgruppe der Arbeitgeber ungefähr zwischen Mitte zwanzig und Mitte dreißig. Dieser Rahmen definiert sich durch ein durchschnittliches Absolventenalter von 27 Jahren (Feuerstein 2008, S. 607 f.) und einer sinkenden Nachfrage nach Arbeitskräften der älteren Generation.

H 1:	Es besteht ein positiver Zusammenhang zwischen dem wahrgenommenen Image ggü. einem Arbeitgeber und dessen Nutzen bei der Arbeitgeberwahl
H 2:	Die symbolischen Eigenschaften haben eine höhere Bedeutung bei der Präferenzwahl als die instrumentellen Arbeitgebereigenschaften
H 3:	Es besteht ein positiver Zusammenhang zwischen der empfundenen Intransparenz von Arbeitgebern und der relativen Wichtigkeit des Merkmals *Arbeitgeber* bei der Stellenwahl
H 4.1:	Die Ähnlichkeit zwischen der Persönlichkeit der Gesamtstichprobe und dem Arbeitgeber, welcher am meisten präferiert wird, ist größer, als die Ähnlichkeit zwischen der Persönlichkeit der Gesamtstichprobe und dem Arbeitgeber, welcher am wenigsten präferiert wird.
H 4.2:	Die Ähnlichkeit zwischen dem eigenen Selbst und dem des Arbeitgebers, welchen man am meisten präferiert, ist größer, als die Ähnlichkeit zwischen dem eigenen Selbst und dem Arbeitgeber, welchen man am wenigsten präferiert.

Abb. 3.2: Erkenntnisziele

4 Empirische Untersuchung

4.1 Conjoint-Analyse

4.1.1 Grundlagen der Conjoint-Analyse

Zur Analyse der Wichtigkeit des Employer Image für die Arbeitgeberwahl wird die Conjoint-Analyse verwendet. Da es sich bei der Wahl eines Arbeitgebers um eine klassische Trade-off-Situation handelt, scheint dieses Verfahren hierfür prädestiniert zu sein (Hinzdorf et Al. 2003, S. 16). Trotzdem findet man in der deutschen Literatur, mit Ausnahme der Studie von Wiltinger aus dem Jahr 1997, kaum Arbeitgeberimagestudien, welche mit Hilfe der Conjoint-Analyse durchgeführt wurden. Vielmehr bediente man sich bisher direkten Abfragemethoden, die eine Bewertung der jeweiligen Arbeitgebermerkmale anhand von Ratingskalen vornahmen (Lieber 1995; Teufer 1999). Problematisch gestaltet sich bei direkten Befragungen jedoch der unterbewusste Gehalt von komplexen Entscheidungen. Dies beinhaltet Prozesse, welche im Unterbewusstsein verankert sind und von Individuen nicht wahrgenommen werden. Auch beim Employer Image, dem Kernfaktor der Conjoint-Analyse, existieren Wirkungsmechanismen, welche bei einer direkten Befragung nicht erfassbar sind. Zudem besteht die Gefahr, dass der Proband zu sozial erwünschten Antworten tendiert und somit die Validität der Ergebnisse zweifelhaft ist (Green et Al. 1988, S. 160 ff.). Deutliche Unterschiede bei der Gegenüberstellung der Ergebnisse von direkter und indirekter Befragung bestätigen diese Meinung (Simon et Al. 1995, S. 79; Wiltinger 1997, S. 68).

Die Conjoint-Analyse verkörpert ein zentrales Verfahren der heutigen Online-Marktforschung (Daiber und Hemsing 2005, S. 47). Nachdem sich Luce und Tukey 1964 erstmals mit dem Verfahren auseinandergesetzt hatten, wurde es in den 70er Jahren in die Marktforschung eingeführt (Daiber und Hemsing 2005, S. 47). Hierbei handelt es sich um einen Verfahrensansatz, welcher „auf Basis ganzheitlicher Urteile unter Beachtung eines experimentellen Designs einen Nutzen, die Gewichtung einzelner Merkmale und die Teilnutzen ihrer

Ausprägungen“ ermittelt (Teichert 2000, S. 473). Probanden bewerten bei der Conjoint-Analyse ein Produktpaket und keine einzelnen Merkmale. Über die empirisch erhobenen Gesamtnutzenwerte lassen sich dann die jeweiligen Teilnutzenwerte der einzelnen Merkmale ermitteln (Backhaus et Al. 2000, S. 565). Somit handelt es sich um ein dekompositionelles Verfahren, da der Stimulus erst nach der Bewertung durch den Probanden in seine Bestandteile zerlegt und analysiert wird (Daiber und Hemsing 2005, S. 47). Durch die Bewertung eines Produktes als Ganzes gewährleistet die Conjoint-Analyse einen realitätsnahen Bewertungsprozess. So müssen die Probanden analog zum Vorgehen in der Realität die verschiedenen Merkmalskombinationen und -ausprägungen gegeneinander abwägen (Daiber und Hemsing 2005, S. 47 f.; Hinzdorf et Al. 2003, S. 17). Mittlerweile ist die Conjoint-Analyse das meist verwendete Verfahren zur Erhebung von Präferenzen. Mit ihr lässt sich feststellen, welche Merkmalskombinationen von der Zielgruppe präferiert werden (Daiber und Hemsing 2005, S. 47) und wie man ein Produkt bzw. eine Dienstleistung optimal an die Bedürfnisse des Marktes anpasst (Backhaus et Al. 2000, S. 565).

4.1.2 Adaptive Conjoint-Analyse

Im Laufe der Zeit und mit zunehmender Anwendung der Conjoint-Analyse haben sich vor allem zwei Formen herauskristallisiert – die Choice Based Conjoint und Adaptive Conjoint Analyse (ACA) (Daiber und Hemsing 2005, S. 48).

Für die vorliegende Studie hat man sich für die ACA entschieden. Diese wurde 1987 von Johnson entwickelt und ist nur computergestützt durchführbar (Daiber und Hemsing 2005, S. 48; Herrmann et Al. 2003, S. 310). Eine reine Abwicklung der Befragung über das Internet bietet keine Nachteile. Sie ist zeit- und kostensparend und erreicht meist einen hohen Distributionsgrad. Zusätzlich bietet sich die Möglichkeit, jederzeit auf die vorläufigen Ergebnisse der Befragung zuzugreifen. Auch hinsichtlich der Gütekriterien wie Reliabilität und Validität, gibt es keine wesentlichen Nachteile gegenüber Paper-Pencil-Befragungen (Daiber und Hemsing 2005, S. 47). Das besondere an der ACA ist, dass die Eingaben durch die Probanden schon im Laufe des Interviews vom Rechner verarbeitet werden und somit den weiteren Verlauf der Befragung beeinflussen. Das Verfahren passt sich dementsprechend an die individuelle Präferenzstruktur des Probanden an und wird deswegen auch als echte Individualanalyse bezeichnet (Backhaus et Al. 2000, S. 614; Daiber und Hemsing 2005, S. 48). Dadurch ist es möglich, aussagekräftige und dichte Informationen zu gewinnen und den Informationswert der Analyse zu maximieren (Daiber und Hemsing 2005, S. 48). Jede ACA lässt sich in fünf Stufen unterteilen.

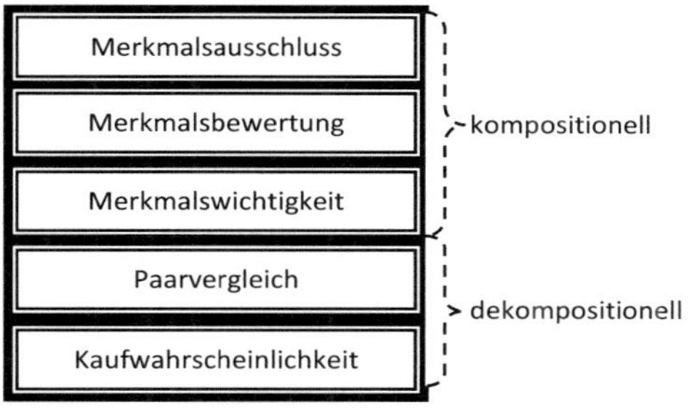

Abb. 4.1: Phasen der ACA
(Quelle: Daiber und Hemsing 2005, S.49; Backhaus et Al. 2000, S.614)

Eine weitere Besonderheit der ACA stellt dabei die Unterteilung der fünf Stufen in einen kompositionellen und dekompositionellen Abschnitt dar. Diese Unterteilung bietet die Möglichkeit, eine Informationsüberladung aufgrund einer hohen Anzahl an Merkmalen und Merkmalsausprägungen zu vermeiden (Herrmann et Al. 2003, S. 309). Die Full Profil Methode (verwendet bei der CBC) zeichnet sich hingegen dadurch aus, dass alle für die Conjoint-Analyse definierten Merkmale beim Paarvergleich auch in den Produktpaketen enthalten sind. Aufgrund der mit der Merkmalsanzahl steigenden Komplexität der

Produktpakete liegt die Grenze bei maximal sechs Merkmalen. Bei der ACA, welche als Non Full Profil Methode gilt, ist eine Aufnahme von 8-15 Merkmalen und bis zu 5 Merkmalsausprägungen denkbar (Daiber und Hemsing 2005, S. 49). Möglich wird dies durch spezielle Funktionen, welche die ACA bei der Gestaltung des Fragebogens zur Verfügung stellt.

So sind dem eigentlichen Kern der ACA, nämlich den Paarvergleichen verschiedener Stimuli, drei weitere Stufen vorangestellt. Die erste Stufe der ACA bietet dem Proband die Möglichkeit, verschiedene Merkmale bzw. deren Ausprägungen von der Befragung auszuschließen. Dies kann ein Vorteil sein, da mögliche K.O. Kriterien aus der Befragung ausgeschlossen werden können und zusätzlich die Komplexität der Befragung weiter reduziert wird. Somit kann unter der Berücksichtigung, dass mehrere Merkmale aussortiert werden, auch eine größere Anzahl an Merkmalen in die Studie aufgenommen werden. Es ist jedoch zu beachten, dass das Ausschlussverfahren auch Nachteile aufweist. So merken Kritiker an, dass sich Personen oft zu schnell intuitiv und ohne reifliche Überlegungen gegen ein Merkmal entscheiden (Hermann et Al. 2003, S. 310). In dieser Studie wurde von der Möglichkeit des Ausschlusses aufgrund der fehlenden Relevanz kein Gebrauch gemacht. In der zweiten Stufe der ACA bewerten die Probanden die verschiedenen Ausprägungen eines Merkmals. Diese Bewertung entfällt, sofern der Untersuchungsleiter schon bei der Programmierung der ACA eine Nutzenfunktion der Ausprägungen eines Merkmals hinterlegt hat. So impliziert man von Beginn an eine Präferenzreihenfolge bei den Ausprägungen (o. V. 2008a, S. 13). Für die Studie wurde für die Merkmale „Arbeitgeber“ und „Einkommen“ eine Präferenzrangfolge angenommen. Bei dem Einkommen wurde impliziert, dass ein höheres Einkommen auch einen höheren Nutzen und somit eine höhere Präferenz bei den Probanden aufweist. Bei der Einteilung der Arbeitgeber hat man sich an bereits bestehenden Imageanalysen und einem vorgenommenen Pretest orientiert, welcher in Kapitel 4.4 näher erläutert wird. Die Probanden mussten somit nur noch eine Bewertung für die Merkmalsausprägungen der Merkmale „Weiterbildung“ und „Aufgabenbereich“ vornehmen (s. Anh. Abb. 4.2). In der letzten Stufe der kompositionellen Phase erfolgt eine Bewertung der Merkmalswichtigkeiten von Seiten des Probanden (s. Anh. Abb. 4.3). Die Erkenntnisse der kompositionellen Phase werden zur Gestaltung der Paarvergleiche in der dekompositionellen Phase genutzt (Backhaus et Al. 2000, S. 614; Herrmann et Al. 2003, S. 312). Bei der Konstruktion der Paarvergleiche bietet sich dem Untersuchungsleiter die Möglichkeit, die Anzahl der Merkmale in einem Stimulus zu bestimmen. Da der Befragte nur einen Teil der Merkmale bewerten muss, besteht die Möglichkeit, viele Merkmale und Ausprägungen in die Befragung aufzunehmen, ohne dass dies mit einer Überlastung verbunden ist (Daiber und Hemsing 2005, S. 48). Bei der Konzeption dieser Studie wurde aufgrund der geringen Merkmalsanzahl von diesem Vorgehen abgesehen. So wurden in der Phase des Paarvergleiches die Stellenangebote mit allen definierten Merkmalen auf einer bipolaren Skala vergleichend gegenübergestellt (s. Anh. Abb. 4.4). Mit zwölf zu bewertenden Paarvergleichen liegt man in einem Bereich, in dem die Aufgabe mit hoher Ergebnisgüte bewältigt werden kann (Teichert 2000, S. 485). Abschließend bietet die ACA die Möglichkeit, Kaufwahrscheinlichkeiten von Produktkombinationen abzufragen um die optimale Kombination der Ergebnisse der vorherigen Phasen zu errechnen. Da diese Funktion optional ist und beim Stellenwahlprozess nicht wirklich von Bedeutung ist, wurde sie aus der Befragung ausgeschlossen. Die Kalibrierungsfunktion wird stattdessen von der Software durchgeführt (o. V. 2008a, S. 22).

4.1.3 Untersuchungsdesign der adaptiven Conjoint-Analyse

4.1.3.1 Merkmale

Für die ACA wurden mit dem „Arbeitgeber“, dem „Aufgabenbereich“, dem „Einkommen“ und den „Weiterbildungsmaßnahmen“ vier Arbeitgebermerkmale herangezogen. Generell lassen sich eine Fülle verschiedener Arbeitgebermerkmale beobachten, es soll jedoch im Rahmen dieser Studie eine Beschränkung auf die laut vorherigen Studien wichtigsten Merkmale stattfinden.

Zum einen gilt der Aufgabenbereich als eines der wichtigsten Kriterien, was durch eine Gegenüberstellung unterschiedlicher Studien durch Wiltinger belegt wird (Lewandowski und Liebig 2004, S. 21 f.; o. V. 2006b, S. 4; Schleiter und Armutat 2004, S. 13/16; Simon et Al. 1995, S. 117; Wiltinger 1997, S. 66/68). Beim Einkommen liegen unterschiedliche Ergebnisse vor. So ist einerseits zu beobachten, dass bei direkten Befragungen das Einkommen öfters auf den mittleren Rängen (Lewandowski und Liebig 2004, S. 21 f.; o. V. 2006b, S. 6; Wiltinger 1997, S. 68) landet. Nach der Conjoint Studie von Wiltinger weist das Einkommen hingegen einen sehr hohen Stellenwert auf (ebenso nach Schleiter und Armutat 2004, S. 14; Simon et Al. 1995, S. 117). Wiltinger (1997, S. 67) sieht diesen Unterschied in der Befragungstechnik begründet. So wollen Probanden nicht zugeben, dass ihnen der finanzielle Aspekt sehr wichtig ist. Die Weiterbildungsmöglichkeiten nehmen bei den Arbeitgeberkriterien ebenfalls eine wichtige Stellung ein und sind demzufolge in der Analyse enthalten (Lewandowski und Liebig 2004, S. 21 f.; o. V. 2006b, S. 4; Schleiter und Armutat 2004, S. 16; Simon et Al. 1995, S. 117; Wiltinger 1997, S. 66/68)

Wichtig ist, dass sowohl das Image des Arbeitgebers als auch unmittelbar mit dem Image verbundene Merkmale nicht in der ACA enthalten sind. Zu jenen Merkmalen zählen nicht beobachtbare Arbeitgebermerkmale, welche dem symbolischen Nutzen einer Employer Brand zuzuordnen sind. Begründet liegt dieses Vorgehen in der Zielsetzung der ACA, nach der man die Bedeutung des Images für die Arbeitgeberwahl ermitteln möchte. Zu diesen Merkmalen zählen unter anderem das Arbeitsklima, die Unternehmenskultur, die Reputation des Unternehmens und die voraussichtlichen Karrierechancen. Alle haben gemeinsam, dass sie im Vorfeld von Bewerbern nicht in Erfahrung gebracht werden können, sondern erst mit Eintritt in das Unternehmen eine Bewertung der Merkmale möglich ist. In der ACA wurden diese ausgeschlossen. Um ihrer Bedeutung Rechnung zu tragen wurden sie jedoch an anderer Stelle der Studie im Rahmen der Ermittlung des Arbeitgeberimages in die Befragung aufgenommen. Zusätzlich wurde mit der Aufnahme spezifischer Arbeitgeber in die

ACA ein Merkmal integriert, welches die Befragten mit nicht beobachtbaren Merkmalen in Verbindung bringen (Wiltinger 1997, S. 63). Mit den insgesamt vier Merkmalen wurden diejenigen ausgewählt, welche sich in zahlreichen Studien als besonders bedeutend erwiesen haben und nicht schon in Form des Arbeitgebers repräsentiert werden. Im Folgenden wird auf die Auswahl und Anzahl der Ausprägungen der jeweiligen Merkmale eingegangen.

4.1.3.2 Merkmalsausprägungen

Arbeitgeber

Für das Merkmal „Arbeitgeber“ wurden drei Ausprägungen gewählt. Die Intension bei der Auswahl lag in einer breiten Streuung bezüglich dem Image der jeweiligen Arbeitgeber, um eindeutige Ergebnisse im Rahmen der Analyse zu erhalten. Um die Bedeutung des Images für die Arbeitgeberwahl feststellen zu können, muss ein eindeutiges Imageranking der teilnehmenden Arbeitgeber vorliegen. Grundlage für die Auswahl der Unternehmen waren bekannte Arbeitgeberimagestudien wie bspw. das „Absolventenbarometer“ von Trendence (o. V. 2007a, WWW) oder die „Imageprofile“ des manager magazins (Döhle und Werres 2008). Mit Porsche als Arbeitgeber wurde ein Unternehmen ausgewählt, dass seit Jahren konstant an der Spitze von Imagestudien zu finden ist. Hier lässt sich ein starker Imagetransfer von dem Produkt auf den Arbeitgeber vermuten. Den Gegensatz zu Porsche in Bezug auf die Imageanalyse stellt der Arbeitgeber Lidl dar. Zum einen wurde Lidl ausgewählt, um einen Arbeitgeber des unteren Imagesegmentes zu repräsentieren. Durch die Spitzelaffäre Ende März steht das Unternehmen zusätzlich im Rampenlicht der Medien. Besonders für potentielle Mitarbeiter hat dieses Thema Relevanz. So sackte dementsprechend nach Bekanntgabe der Affäre das ohnehin schon negative Image weiter ab (Hebben 2008, o. S.). Mit Porsche und Lidl liegen zwei Ausprägungen vor, welche eindeutig einem positiven bzw. negativen Arbeitgeberimage zugeordnet werden können. Komplettiert werden die Merkmalsausprägungen mit Nestle als drittem Arbeitgeber. Nestle lässt sich genau zwischen den beiden vorherigen Arbeitgebern einordnen. Das Unternehmen hat weder ein sehr negatives, noch ein besonders positives Image. Nestle ist vielleicht für die Analyse der Ergebnisse weniger gehaltvoll, da weniger polarisierend, kann jedoch Aufschluss über die allgemeine Aussagefähigkeit der Bewertungen der Probanden geben. Alle drei Arbeitgeber weisen zusätzlich, unabhängig von der befragten Zielgruppe, ein annähernd konstantes Image auf. So wurden sowohl bei Wirtschaftswissenschaftlern als auch bei angehenden Ingenieuren keine großen Abweichungen in der Wahrnehmung der Arbeitgeber festgestellt. Durch die Imagestudien lässt sich bereits im Voraus ein Ranking der Arbeitgeber erstellen. Durch einen durchgeführten Pretest (s. Kap. 4.4) konnte diese Reihenfolge zusätzlich bestätigt werden.

Einkommen

Mit insgesamt fünf Merkmalsausprägungen wurde das Einkommen definiert. Grundlage für die Einkommensspanne war die Analyse der Einstiegsgehälter von Absolventen von Hobsons (o. V. 2008d, WWW). Hier wurde sowohl das Einstiegsgehalt nach Position im Unternehmen, als auch nach der Branche analysiert und in die Segmente „oberes“ und „unteres Quartil“ sowie „jeweiliger Mittelwert“ unterteilt. In beiden Fällen wurde über die Positionen bzw. Branchen hinweg ein Mittelwert gebildet, der nahezu die gleichen Ergebnisse lieferte. Mit einer Spanne von 10.000 € (34.000 € – 44.000 €) zwischen unterem und oberen Quartil und nur einer Zwischenstufe in Form des Mittelwertes (39.000 €) wird dem Einkommen bei der Arbeitgeberwahl zu viel Bedeutung zugemessen. Dementsprechend werden nochmals zwei Zwischenstufen (36.500 €; 41.500 €) eingebaut, so dass das Einkommen mit fünf Ausprägungen in die ACA übernommen wurde.

Aufgabenbereich

Für das Merkmal „Aufgabenbereich“ wurden mit „routiniert und standardisiert“ sowie „abwechslungsreich, kreativ und herausfordernd“ zwei Merkmalsausprägungen in die Analyse aufgenommen. Mehrere Studien bzgl. der Arbeitgebermerkmale haben einer herausfordernden und abwechslungsreichen Tätigkeit eine hohe Bedeutung beigemessen (Fopp 1975, S. 197/214; Lieber 1995, S. 112/137, o. V. 2007a, S. 5, o. V. 2006b, S. 6; Petkovic 2007, S. 82; Simon et Al. 1995, S. 117; Teufer 1999, S. 148). Alternativ hierzu wurde den Probanden in Anlehnung an die Studie von Wiltinger (1997, S. 63) die Möglichkeit gegeben, einen routinierten und standardisierten Aufgabenbereich auszuwählen. Mit diesen beiden Ausprägungen soll der Aufgabenbereich in einem Unternehmen abgedeckt werden.

Weiterbildungsmaßnahmen

Analog zum Aufgabenbereich wurden auch hier mit „kaum" und „regelmäßig" zwei Ausprägungen in Anlehnung an Wiltinger (1997, S. 63) definiert. Um in der Analyse kein K.O. Kriterium zu enthalten, war es wichtig, „kaum" anstelle von „keine" zu definieren. Somit ist gewährleistet, dass die Ausprägung wenigstens in schwacher Form vorhanden ist.

4.2 Messung des Employer Image

Mit der ACA wird untersucht, welchen Stellenwert das Employer Image bei der Arbeitgeberwahl einnimmt. Im nächsten Schritt der Befragung wird nun das Employer Image der drei Arbeitgeber Porsche, Nestle und Lidl gemessen. Die Messung des Employer Image ist notwendiger Bestandteil der Analyse, da sonst kein Zusammenhang zwischen der Präferenzbildung und dem Employer Image gemessen werden kann und somit auch die Überprüfung von Hypothese 1 nicht möglich wäre.

Für die Messung des Employer Image erfolgt eine Orientierung an den bereits durchgeführten und veröffentlichen Studien (Vgl. Fopp 1975, Petkovic 2007, Simon et Al. 1995, Teufer 1999). In jenen Studien wurde das Employer Image anhand der Wahrnehmung relevanter Arbeitgeberfaktoren gemessen. Für Teufer (1999, S. 144 ff.) setzt sich das Employer Image aus mehreren Dimensionen zusammen. Dazu zählen neben den bereits in der ACA verwendeten Arbeitgeberfaktoren auch noch diejenigen, welche aufgrund ihres symbolischen Gehalts aus der ACA ausgeschlossen wurden. Analog zur Gestaltung der ACA wurden auch hier die Arbeitgebermerkmale nach ihrem Bedeutungsmaß hinsichtlich der Präferenzbildung ausgewählt. Neben dem Einkommen, den Weiterbildungsmöglichkeiten und dem Aufgabenbereich wurden noch vier weitere Faktoren in die Analyse aufgenommen. Mit der Unternehmenskultur, dem Arbeitsklima, der Reputation und den Karrierechancen beinhaltet die Analyse vier Faktoren, welche von entscheidender Bedeutung für die Wahrnehmung des Images sind (Fopp 1975, S. 197; Lieber 1995, S. 115; Simon et Al. 1995, S. 75). Sie nehmen in den Studien ausschließlich obere Rangwerte ein. Eine Ausnahme bildet die Reputation des Unternehmens. Bei direkter Befragung nimmt dieser Arbeitgeberfaktor einen der hinteren Plätze ein (Lieber 1995, S. 115). Die theoretische Analyse des verhaltenswissenschaftlichen Hintergrunds der Employer Brand hat jedoch gezeigt, dass die Reputation eine bedeutende Rolle hinsichtlich der Wahrnehmung des Arbeitgebers spielt. Nach Wiltinger (1997, S. 67) verbirgt sich hinter dem schlechten Abschneiden der Effekt sozial erwünschter Antworten. So gibt ein Individuum nicht gerne zu, dass es seine Entscheidungen von den Meinungen anderer abhängig macht. Aufgrund der großen Bedeutung wird die Reputation zusätzlich in die Analyse aufgenommen.

Somit setzt sich die Bewertung des Employer Image aus der Evaluation von insgesamt sieben Arbeitgebermerkmalen zusammen. Gemessen werden diese über siebenstufige Ratingskalen, wobei der Proband angeben muss, ob er das Arbeitgebermerkmal bei dem spezifischen Arbeitgeber als attraktiv oder unattraktiv empfindet. Es wurden bewusst Blöcke gestaltet, bei denen jedes Arbeitgebermerkmal für alle drei Arbeitgeber bewertet werden musste. Somit bietet sich den Probanden die Möglichkeit, die Arbeitgeber im Verhältnis zueinander zu beurteilen (s. Anh. Abb. 4.5).

4.3 Rangreihung

Mit der Rangreihung von Arbeitgebermerkmalen soll in Erfahrung gebracht werden, welche Merkmale das höchste Entscheidungsgewicht aufweisen. Bereits in der ACA wird eine ähnliche Messung durchgeführt. Dort wurden jedoch die symbolischen Arbeitgebereigenschaften, welche über das Merkmal „Arbeitgeber“ repräsentiert wurden, ausgeschlossen. Für jene Faktoren liegen noch keine Präferenzen vor. Demzufolge müssen die Probanden, neben den bereits in der ACA verwendeten Merkmalen Aufgabenbereich, Weiterbildungsmaßnahmen und Einkommen, nun zusätzlich das Arbeitsklima, die Unternehmenskultur, die Karrierechancen und das Ansehen gemäß ihrer Präferenzen in eine Reihenfolge bringen. Im Rahmen des Online-Befragungstools steht ihnen die Möglichkeit zur Verfügung, die einzelnen Arbeitgebermerkmale mithilfe einer „Drag and Drop-Funktion“[8] in die richtige Reihenfolge zu manövrieren (s. Anh. Abb. 4.6). Da jeder Rangwert nur einmal vergeben werden kann, werden die Probanden zu einer eindeutigen Abstufung der Merkmale gezwungen.

4.4 Einstellungsmessung

Die Messung der Einstellung gegenüber den jeweiligen Arbeitgebern kann als Zusatzanalyse zur vorherigen Imageanalyse betrachtet werden. Das Messverfahren, welches im Zuge von Imageanalysen am meisten Verbreitung gefunden hat, ist das Semantische Differential (Trommsdorff 1975, S. 27). Trotzdem wurde für die Analyse des Employer Image kein Semantisches Differential (SD) verwendet. Die Gründe hierfür sowie für die Eingliederung einer Einstellungsmessung in die Studie sollen im Folgenden erläutert werden.

Das SD wurde 1952 von Osgood, ursprünglich zur Bewertung von Bedeutungen, entwickelt (Osgood et Al. 1978). Hierbei handelt es sich um einen aus adjektivistischen Gegensatzpaaren bestehenden Satz zweipoliger Ratingska-

[8] Ziehen und Fallenlassen.

len, mithilfe derer ein bestimmtes Objekt beurteilt wird. Die Ratingskalen beinhalten meist sieben Abstufungsmöglichkeiten (Johannsen 1971, S. 218; Osgood et Al. 1978, S. 78; Trommsdorff 1975, S. 27). Aus Reliabilitätsgesichtspunkten führen viele Abstufungen zu einer feineren Messung und somit auch zu zuverlässigeren Daten. Da aber viele Abstufungen auch Antworttendenzen begünstigen und somit die Validität beeinträchtigen, sollte man nicht mehr als sieben Abstufungen in die Skala aufnehmen (Trommsdorff 1975, S. 94 f.). Ausweichkategorien sind bei Ratingskalen grundsätzlich nicht vorgesehen. Bei zweipoligen Skalen und einer ungeraden Zahl an Abstufungen bietet sich dem Proband jedoch die Möglichkeit, die Mitte der Skala auszuwählen. Dadurch kann dieser anzeigen, dass er die Skala als ungeeignet empfindet. Ein willkürliches Ankreuzen wird dadurch vermieden, der Informationswert der Skala sinkt jedoch (Osgood et Al. 1978, S. 78 f.; Trommsdorff 1975, S. 90 f.). Für SD‘s werden ausschließlich standardisierte Adjektivsammlungen verwendet (Trommsdorff 1975, S. 27). Osgood präferiert Items, welche im übertragenen meataphorischen, nicht jedoch im eigentlichen Sinn, auf alle möglichen Konzepte anwendbar sind (Osgood et Al. 1978, S. 23; Trommsdorff 1975, S. 27). Vorgenommene Faktorenanalysen von Osgood haben gezeigt, dass drei Dimensionen ausreichen, um Wortbedeutungen zu umschreiben. Der Semantische Raum kann von den Dimensionen „Beschreibung“, „Stärke“ und „Aktivität“ vollständig abgedeckt werden (Osgood et Al. 1978, S. 46). In der Skala sollte jeder Faktor durch mindestens eine Eindrucksausprägung erfasst werden, welche eine hohe Ladung auf diesen aufweist (Osgood et Al. 1978, S. 78).

Die Itemselektion sollte dabei nicht im Ermessen des Untersuchungsleiters liegen (Trommsdorff 1975, S. 99 in Anlehnung an Süllwold 1969, S. 478), sondern von erfahrenen Psychologen durchgeführt werden. Jene Items können wiederum von einer Stichprobe oder Experten für das jeweilige Untersuchungsobjekt bewertet werden (Trommsdorff 1975, S. 99 f.). Bei dem SD handelt es sich zwar um ein generalisiertes Messverfahren, jedoch muss sie immer an das jeweilige Problem angepasst werden. Es gibt keine generelle, allgemeingültige Skala (Osgood et Al. 1978, S. 76). Hier liegt das Problem der Messung des Employer Image anhand eines SD. Es gibt keine empirisch fundierte, allgemeingültige Skala zur Messung des Unternehmens- oder Arbeitgeberimages[9]. Die Entwicklung einer spezifischen Skala zur Messung von Employer Image übersteigt die Möglichkeiten, welche sich im Rahmen dieser Studie bieten.

Alternativ wurde auf die Messung der Einstellung der Arbeitgeber zurückgegriffen. Einstellungen lassen sich ähnlich wie Bedeutungen mit Hilfe des SD messen. Nach Osgood et Al. (1978) können sie als notwendiger Bestandteil von Bedeutungen gesehen werden. Erklären lässt sich dies durch deren Positionierung im semantischen Raum. So sind Einstellungen prädestiniert für die evaluative Dimension, welche ein notwendiger Faktor bei Wortbedeutungen ist. Charakteristisch für eine Skala zur Einstellungsmessung ist die ausschließliche Verwendung von evaluativen Items (Osgood et Al. 1978, S. 189 f.). Im Gegensatz zur Imagemessung existieren für die Messung von Einstellungen empirisch fundierte Skalen.

Als Grundlage zur Messung der Einstellung gegenüber einem Arbeitgeber im Rahmen dieser Studie dient eine von verschiedenen Autoren in mehreren Studien gesammelte Anzahl von empirisch fundierten Adjektivpaaren (Bruner und Hensel 1994, S. 82 ff.). Diese Skala in Form eines SD misst die Einstellung gegenüber einem Produkt oder einer Marke. Entwickelt auf Grundlage der Arbeiten von Osgood et Al. (1957) handelt es sich üblicherweise um eine siebenstufige Skala. Alle in der Skala enthaltenen Gegensatzpaare wurden in bereits durchgeführten Studien ermittelt und weisen eine hohe Reliabilität und Validität hinsichtlich der Einstellungsmessung eines Objektes auf. Aus den insgesamt 30 Adjektivpaaren müssen jene ausgewählt werden, welche zur

[9] Johannsen (1971, S. 222) hat sich für die Untersuchung des Firmenimages das SD selbst hergeleitet.

Beurteilung des jeweiligen Untersuchungsobjekts geeignet sind. Insgesamt wurden neun der 30 Adjektivpaare für den Pretest ausgewählt und somit 21 Paare aus folgenden Gründen eliminiert. Zuerst wurden Paare, welche nicht in Form von Adjektiven sondern in Form von Instruktionen formuliert wurden, ausgeschlossen (Bruner und Hensel 1994, S. 92). Im Anschluss wurden sowohl doppelt aufgeführte Paare als auch Synonyme aus der Skala herausgestrichen. Schlussendlich wurden jene Items eliminiert, welche für die Bewertung eines Arbeitgebers als ungeeignet empfunden wurden. Hierzu zählt bspw. das Adjektivpaar „gefährlich-sicher“, welches man eher im Rahmen der Bewertung eines Gebrauchsgegenstands ansiedeln würde. Mit den verbliebenden neun Items wurde ein Pretest durchgeführt, um die Anzahl der Items nochmals zu reduzieren und eine kompakte und reliable Skala zu erhalten.

Für den *Pretest* wurden insgesamt 51 Studierende der Universität Mainz, vorwiegend aus dem Bereich der Wirtschaftswissenschaften, befragt. Die Aufgabe bestand darin, aus der Sicht eines potentiellen Bewerbers heraus die Einschätzung der Arbeitgeber Porsche, Nestle und Lidl vorzunehmen (s. Anh. Abb. 4.7). Die Auswertung der Ergebnisse ergab ein Cronbachs Alpha[10] in Höhe von 0,947. Somit kann die Skala als hinreichend zuverlässig angesehen werden.[11] Um den Umfang der Befragung in einem angemessenen Rahmen zu halten, wurden weitere vier Items aus der Skala entfernt. Mit dem Adjektivpaar „überlegen – unterlegen“ wurde nur eines der Items vor dem Hintergrund der Güte des Messmodells entfernt. Durch den Ausschluss dieses Paares konnte sowohl die hohe Messgüte erhalten bzw. sogar erhöht (0,947) als auch gefahrlos eine Reduktion des Umfanges vorgenommen werden. Des Weiteren wurde das Adjektivpaar „klug – unklug“ aufgrund des negativen Feedbacks seitens der Probanden entfernt. Diese empfanden das Paar zur Beurteilung eines potentiellen Arbeitgebers als gänzlich ungeeignet. Die zwei noch aus-

[10] Das Cronbachs Alpha gilt als gebräuchliches Maß zur Messung der Gesamtreliabilität einer Skala (Janssen und Laatz 2003, S. 524).

[11] Mindestwerte von 0,7 oder 0,8 werden in den meisten Fällen empfohlen (Janssen und Laatz 2003, S. 525).

stehenden Items wurden aus Gründen der hohen Korrelation mit anderen Items der Skala eliminiert. So wurde zwischen den Paaren „gut – schlecht“ und „positiv – negativ“ eine Korrelation von 0,886 gemessen, womit man davon ausgehen kann, dass beide Items eine gleichbedeutende Einstellung messen. Mit einer Korrelation von 0,848 konnte zwischen „wertvoll – wertlos“ und „bedeutend – unbedeutend“ eine ähnlich hohe Korrelation festgestellt werden. Im Zuge dessen wurden jene Items gestrichen, welche als weniger geeignet für die Beurteilung eines Arbeitgebers angesehen wurde. Die endgültige Skala zur Einstellungsmessung enthielt schlussendlich folgende Items:

Gegensatzpaare	
unsympathisch	sympathisch
positiv	negativ
bedeutend	unbedeutend
nicht wünschenswert	wünschenswert
unbefriedigend	befriedigend

Tab. 4.1: Items zur Einstellungsmessung

In Form eines Semantischen Differentials sollten die Probanden anhand einer siebenstufigen Skala angeben, wie sie die Arbeitgeber Porsche, Nestle und Lidl als potentiellen Arbeitgeber beurteilen (s. Anh. Abb. 4.8). Dabei bedeutet eine Markierung der Skala am äußersten linken oder rechten Ende der Skala, dass man das auf dieser Seite stehende Adjektiv als sehr zutreffend empfindet. Die Auswahl der Skalenmitte sagt aus, dass man keines der Adjektive als adäquat für den jeweiligen Arbeitgeber sieht.

Abschließend muss noch eine Anpassung der aufgestellten Hypothese vorgenommen werden. Analog zu Hypothese 1 wird eine weitere Hypothese aufgestellt:

H 1.2: Es besteht ein positiver Zusammenhang zwischen der Einstellung ggü. einem Arbeitgeber und dessen Nutzen bei der Arbeitgeberwahl

4.5 Persönlichkeitsmessung

Im vorletzten Schritt der Studie wird auf die Untersuchung einer möglichen Korrelation zwischen der Kongruenz der Individual- und Arbeitgeberpersönlichkeit und der Arbeitgeberpräferenzbildung Bezug genommen (Hypothese 4.1 und 4.2). Somit lässt sich klären, ob und wieweit die Persönlichkeit eines Arbeitgebers Einfluss auf den Prozess der Arbeitgeberwahl nimmt. Es muss ein Messinstrumentarium konstruiert werden, welches sowohl zur Messung der Individualpersönlichkeit als auch zur Messung einer Markenpersönlichkeit herangezogen werden kann.

Die menschliche Persönlichkeit lässt sich kulturunabhängig anhand von fünf Wesenszügen, den sogenannten „Big Five“ (Norman 1963), identifizieren (Müskens 2001, S. 85). Die „Big Five“ setzen sich aus den Dimensionen „Extraversion“, „Verträglichkeit“, „Gewissenhaftigkeit“, „Emotionale Stabilität“ und „Intellekt“ zusammen. Die jeweiligen Faktoren wurden auf Grundlage von Persönlichkeitsbeschreibungen in Form von Adjektiven[12] ermittelt. Als repräsentativ für eine Dimension können jene Adjektive angesehen werden, welche eine hohe Ladung auf den jeweiligen Faktor vorweisen können (Müskens 2001, S. 77 ff.). So wäre eine Messung der Persönlichkeit möglich, indem man stellvertretend für jede Dimension zwei Adjektive mit hohen Faktorladungen auswählt und hieraus eine Skala konstruiert. Zur Überprüfung der Hypothese muss jedoch auch ein Abgleich mit der Markenpersönlichkeit möglich sein.

Jennifer Aaker war mit ihrer Publikation im Jahr 1997 die Erste, welche eine verallgemeinerbare Skala zur Messung der Markenpersönlichkeit entwickelt hat. Zuvor gab es lediglich Ad hoc Skalen oder aus der Psychologie zweck-

[12] Zur Standardisierung der Methodik werden nur Adjektive zur Persönlichkeitsbeschreibung verwendet (Müskens 2001, S. 74).

entfremdete Skalen (Aaker 2005, S. 167). Die „Big Five“ dienten ihr als Grundlage zur Ermittlung der Facetten der Markenpersönlichkeit. Die Studie wurde mit einer Anzahl von 114 Persönlichkeitseigenschaften und 37 bekannten Marken unterschiedlicher Kategorien durchgeführt (Aaker 1997, S. 349). Die Probanden mussten angeben, inwieweit sie die jeweilige Eigenschaft als geeignet zur Beschreibung einer Marke empfinden (Aaker 1997, S. 350). Mithilfe der Faktorenanalyse wurden fünf Dimensionen der Markenpersönlichkeit ermittelt: Aufrichtigkeit, Erregung, Kompetenz, Kultiviertheit und Robustheit (Aaker 2005, S. 171; Aaker 1997, S. 351). Es zeigt sich, dass Unterschiede in der Individual- und Markenpersönlichkeit vorliegen. Von den fünf Dimensionen der Human- und Markenpersönlichkeit bestehen lediglich zwischen drei Übereinstimmungen. So kann man „Aufrichtigkeit und Verträglichkeit“, „Erregung und Extraversion“ sowie „Kompetenz und Intellekt“ gleichsetzen. Für die Dimensionen „Kultiviertheit“ und „Robustheit“ der Markenpersönlichkeit gibt es keine entsprechenden Pendants in der Individualpersönlichkeit (Aaker 1997, S. 353 f.).

Für die Skala werden somit ausschließlich Adjektive, welche hohe Ladungen auf die drei ersten Faktoren (Kompetenz, Aufrichtigkeit, Erregung) aufweisen, ausgewählt. Zu beachten ist, dass die Studie von Aaker (1997) ausschließlich mit US-Bürgern durchgeführt wurde. Denn obwohl die „Big Five“ nach eingehenden empirischen Untersuchungen als kulturunabhängig gelten, kann dies nicht automatisch auf die Messung der Markenpersönlichkeit übertragen werden. Das die Markenpersönlichkeit länderspezifisch variiert, konnte eine weitere Studie von Aaker in Zusammenarbeit mit Benet-Martinéz und Garolera (2001, S. 500/505) zeigen. Aufbauend auf den Erkenntnissen dieser Studien hat Hieronimus (2004) deren Anwendbarkeit auf Deutschland überprüft. Als Ergebnis erhält Hieronimus (2004, S. 149/154) mit „Vertrauen & Sicherheit“ sowie „Temperament & Leidenschaft“ zwei reliable und valide Dimensionen.

Tabelle 4.2 zeigt, dass, mit Ausnahme der Dimension „Leidenschaft“, beide von Hieronimus (2004) erarbeitenden Dimensionen, mit den drei ersten Dimensionen von Aaker (1997) übereinstimmen. Da ebenso ein Konsens zwischen der Human- und Markenpersönlichkeit hinsichtlich der oben aufgeführten Dimensionen vorliegt, stellen die Erkenntnisse einen guten Ausgangspunkt zur Konstruktion einer gemeinsamen Skala dar. „Leidenschaftlich“ wurde aufgrund der fehlenden Zugehörigkeit zu einer der drei übereinstimmenden Dimensionen aus der Skala entfernt. Ebenso ausgeschlossen wurde die Beschreibung „unverfälscht“, da sie für die Bewertung eines potentiellen Arbeitgebers als ungeeignet angesehen wurde und mit „ehrlich“ schon ein dem Sinn nach ähnliches Adjektiv in der Skala enthalten war.

Dimensionen	Adjektive	Deutschland
Kompetenz	zuverlässig	**Vertrauen und Sicherheit**
	erfolgreich	
Aufrichtigkeit	bodenständig	
	ehrlich	
	unverfälscht	
	fröhlich	**Temperament und Leidenschaft**
Erregung	wagemutig	
	temperamentvoll	
	phantasievoll	
Leidenschaft	leidenschaftlich	

Tab. 4.2: Markenpersönlichkeit in Deutschland
(Quelle: Eigene Darstellung in Anlehnung an Aaker 1997, S. 352 und Hieronimus 2004, S. 149/154)

Die endgültige Skala besteht aus acht Persönlichkeitseigenschaften in Form von Adjektiven, welche sowohl die Arbeitgeberpersönlichkeit als auch die Persönlichkeit von Personen beschreiben. Abgefragt wurden diese in Form eines einpoligen semantischen Differentials. Die Einpoligkeit war notwendig, da sowohl Aaker (1997) als auch Hieronimus (2004) keine Gegensatzpaare vorgegeben haben und der Spielraum für die Vergabe von Antonymen[13] sehr groß wäre und somit ausschließlich nach dem Ermessen des Autors erfolgen würde. Auf einer siebenstufigen Skala sollten die Probanden angeben, inwieweit die jeweilige Eigenschaft auf sie selbst zutrifft. Nach einer eigenen Persönlichkeitseinschätzung muss auf Grundlage der gleichen Skala zusätzlich eine Bewertung der Arbeitgeber Porsche, Nestle und Lidl vorgenommen werden (s. Anh. Abb. 4.9).

Im Anschluss an die Persönlichkeitsmessung folgt ein Befragungsblock, welcher sich mit der Thematik des Informationsfaktors bei der Arbeitgeberwahl auseinandersetzt (s. Anh. Abb. 4.10). Mithilfe der Analyse dieser Ergebnisse soll Hypothese 3 näher untersucht werden. Abgeschlossen wird die Studie mit der Erhebung einiger demographischer Daten (s. Anh. Abb. 4.11). Studenten mussten hierbei über den Einbau einer Filterfunktion im Gegensatz zum Rest der Probanden noch einige zusätzliche Fragen über ihre Studiensituation beantworten (s. Anh. Abb. 4.12).

Die mithilfe der Unipark-Software erstellte fünfteilige Studie wurde im Zeitraum vom 10.06.2008 bis zum 31.07.2008 online zur Beantwortung bereitgestellt. Der Link zur Teilnahme an der Umfrage wurde an mehreren zielgruppenrelevanten Orten platziert. Zu diesen gehörte das Wiwiforum der Universität Mainz, welches vorwiegend von Studierenden der Wirtschaftswissenschaften genutzt wird. Als weitere Studentenportale wurden zusätzlich das Studentenforum der Universität Mainz, das Forum der Campusreporter[14] und das Study Board als Plattform genutzt. Zusätzlich wurde eine Einladung zur Teilnahme

[13] Antonym = Gegenteil.

[14] Bei Campusreporter handelt es sich um eine online zur Verfügung gestellte von Studenten entworfene Zeitung für Studenten. Dort existiert ein Forum, welches Studenten als Plattform zum Austausch von Erfahrungen und Meinungen nutzen können (o. V. 2008b, WWW).

an der Studie über den Newsletter des Marketinglehrstuhls der Professur Heil der Johannes Gutenberg-Universität Mainz sowie über den Newsletter von communicate![15] versendet.

Teilnehmern am Unipark-Programm bietet sich die Möglichkeit, ihre Studie über ein Panel von Sozioland zu platzieren. Sozioland ist ein Online Meinungsportal mit mittlerweile 50.000 registrierten Mitgliedern, welche wöchentlich zu neuen Umfragen zu den unterschiedlichsten Themen eingeladen werden. Die Studie wurde von Unipark ausgewählt, so dass eine aus dem Panel gezogene Zufallsstichprobe von 7.000 Personen zur Teilnahme eingeladen wurde. Von 339 Personen, welche auf den Link der Studie zugriffen, haben 181 diese auch beendet. Dies ergibt einer Beendigungsquote von 53,39%, was angesichts fehlender Intencives ein gutes Ergebnis darstellt.

4.6 Ergebnisse der Untersuchung

4.6.1 Stichprobe

An erster Stelle soll nun die Beschaffenheit der Stichprobe analysiert werden.[16] Hinsichtlich der Geschlechterverteilung herrscht angesichts 54,14% weiblicher und 45,86% männlicher Probanden nahezu Ausgeglichenheit. Mit einem Durchschnittsalter von 28,32 Jahren liegt eine junge und für die Studienzwecke optimale Stichprobe vor. So befinden sich knapp 70% der Befragten in einem Alter von 23-32 Jahren und damit sowohl aus Probanden- als auch aus Unternehmenssicht in einem für die Berufswahl sowie Karriereperspektive interessanten Lebensabschnitt. Da ein besonderer Fokus auf der Rekrutierung künftiger qualifizierter Führungskräfte liegt, wurde in der Untersuchung ebenso nach dem Status Student gefiltert. Über die Hälfte der Probanden, genau 51,38% absolvieren zurzeit ein Studium. Mit einer Zahl von 93

[15] Communicate! e.V. ist eine Studenteninitiative der Universität Mainz für Marketing und Medien, welche als Vermittlungszentrale zwischen Unternehmen und Studenten steht (o. V. 2008c, WWW).

[16] Ausführliche Informationen über die Stichprobenzusammensetzung befinden sich im Anhang (s. Anh. Tab. 4.3).

Studenten kann eine separate Analyse der Gruppe sowie ein abschließender Vergleich der Ergebnisse mit denen der Gesamtstichprobe vorgenommen werden. Der Studiengang der Wirtschaftswissenschaften ist mit 58,70% am stärksten vertreten. Interessant für die Zielgruppe der Studenten ist die voraussichtliche Dauer bis zum Ende des Studiums. So sind 76,09% der Studenten in absehbarer Zeit, sprich den nächsten 1-3 Semestern mit ihrem Studium fertig und zählen somit aus Arbeitgebersicht zu den aktuellen und kommenden neuen Arbeitskräften auf dem Arbeitsmarkt. Obwohl der Fokus der Analyse der Präferenzen nicht ausschließlich auf zukünftigen Top-Führungskräften liegt, stehen qualifizierte Studenten dennoch primär im Fokus der Unternehmen. So sollten alle Studenten eine eigene Einschätzung ihrer Studienleistung angeben. Zum einen sollte angegeben werden, ob man sich als „unterdurchschnittlich“, „durchschnittlich“, „überdurchschnittlich“ oder „Top 10 Prozent“ einschätzt. Im zweiten Schritt sollte eine Angabe über die voraussichtliche Gesamtnote vorgenommen werden. 53,67% der befragten Studenten sehen sich selbst als überdurchschnittlichen Studenten (39,78% überdurchschnittlich und 13,89% Top 10 Prozent). Bestätigt werden konnte diese eher nach subjektivem Empfinden vorgenommene Einschätzung durch die Auswertung der Abschlussnoten. So liegen 67,7% der Studenten in einem Notenbereich von 1,0 bis 2,0. Angesichts der Tatsache, dass die durchschnittlichen Diplomnoten (vor allem der Wirtschaftswissenschaften), über 2,0 liegen, lässt sich festhalten, dass eine, bezogen auf die Studienleistung, überdurchschnittliche Stichprobe vorliegt (o. V. 2007, o. S.). Im Mittel liegt der erwartete Notenschnitt bei 2,09.

Das Bildungsniveau der Teilnehmer wurde ebenfalls abgefragt. Insgesamt kann ein sehr hohes Bildungsniveau der Stichprobe attestiert werden, da über 70% der Befragten einen Universitätsabschluss anstreben oder diesen schon innehaben. Vor dem Hintergrund, dass vor allem bei qualifizierten Arbeitskräften ein erhöhter Wettbewerb zwischen den Unternehmen herrscht und diese dementsprechend zur Zielgruppe der Arbeitgeber gehören, ist dies ein hervorragender Wert für die Studie.

Des Weiteren mussten die Teilnehmer anführen, ob sie zurzeit aktiv Informationen über potentielle Arbeitgeber suchen. Auch diese Frage wurde als Filter zur Aufteilung der Stichprobe in eine weitere Zielgruppe genutzt, da an einer neuen Stelle interessierte Teilnehmer für die Studie von besonderem Interesse sind. Insgesamt befinden sich 101 der 181 Teilnehmer momentan auf Informationssuche, was einem Anteil von 55,80% an der Gesamtstichprobe entspricht. Da lediglich 59,40% dieser Zielgruppe Studenten sind, liegt eine unterschiedliche Probandenzusammensetzung bei Studenten und Informationssuchenden vor. Sowohl die Segmentierung nach Studenten als auch nach Informationssuchenden kann daher interessante Ergebnisse liefern. Zur Vertiefung der vorherigen Frage wurde im Anschluss gefragt, ob man sich momentan aktiv bei Unternehmen bewirbt. Insgesamt 22,10% der 181 Probanden haben diese Frage bejaht.

Für die folgende Auswertung der Ergebnisse lässt sich festhalten, dass sowohl eine Auswertung der gesamten Stichprobe (n=180) als auch jeweils eine Auswertung und Gegenüberstellung der Ergebnisse der Zielgruppe „Student" (n=93) sowie „Informationssuche" (n=100) mit der Gesamtstichprobe erfolgt. Lediglich ein Proband wurde aufgrund lückenhafter Beantwortung ausgeschlossen.

4.6.2 Adaptive Conjoint-Analyse

4.6.2.1 Merkmalswichtigkeiten

Die Ergebnisse der ACA geben Aufschluss über die Bedeutung der Arbeitgebermerkmale bei der Stellenwahl.

Gesamte Stichprobe

Mit einer relativen Merkmalswichtigkeit von 38,15% liegt das Einkommen deutlich vor dem Aufgabenbereich (23,53%) als zweitplatziertem Merkmal. Mit relativ geringem Abstand folgt auf dem dritten Rang der Faktor Arbeitgeber (20,43%) und auf dem letzten Platz die Weiterbildungsmaßnahmen (17,88%). Mit Ausnahme des Einkommens liegen alle Faktoren in ihrer Bedeutung sehr nah beieinander.

Studenten

Bezüglich der Merkmalswichtigkeiten bestehen, verglichen mit der Gesamtstichprobe, bei der Zielgruppe der Studenten bei allen vier Merkmalen verschwindend geringe Differenzen (Einkommen: 38,75%, Aufgabenbereich: 23,12%, Arbeitgeber: 20,17%, Weiterbildungsmaßnahmen: 17,95%). Dementsprechend bewegen sich die Wichtigkeiten im gleichen Rahmen wie jene der Gesamtstichprobe.

Informationssuchende

Bei Arbeitgeber (20,38%) und Weiterbildungsmaßnahmen (17,53%) lassen sich nur minimale Unterschiede bzgl. der Wichtigkeit der Merkmale zwischen den Informationssuchenden und der Gesamtstichprobe verzeichnen. Kleine, aber nicht wesentliche Differenzen bestehen bei der Wichtigkeit des Einkommens und des Aufgabenbereiches. So ist den Informationssuchenden der Aufgabenbereich (24,73%) ein wenig wichtiger, das Einkommen (37,36%) hingegen weniger wichtig als der Summe der Befragten.

Das Ergebnis der ACA entspricht den bereits gesammelten Erkenntnissen über die Bedeutung einzelner Arbeitgeberfaktoren bei der Arbeitgeberwahl. Mit einer sehr hohen Bedeutung des Einkommens können die Ergebnisse der Studie von Wiltinger (1997) bestätigt werden. Demnach ist hier eine indirekte Befragung für eine wahrheitsgemäße Bewertung der Faktoren förderlich. Der doch sehr beträchtliche Abstand zu den weiteren Merkmalen kann zusätzlich mit der Anzahl der Merkmalsausprägungen erklärt werden. Denn je mehr Ausprägungen ein Merkmal aufweist, desto größer wird dessen relative Bedeutung (Johnson und Olberts 1996, o. S.). Studenten sind tendenziell fokussierter auf das Gehalt als die beiden anderen Gruppen. Der zweite Rang des Merkmals Aufgabenbereich entspricht ebenso den Ergebnissen vergangener Studien wie der letzte Rang der Weiterbildungsmaßnahmen (s. Kap. 4.1.3.1). Das Arbeitgebermerkmal liegt mit ca. 20% auf dem dritten Rang bei der Stellenwahl, was für die Entscheidungsfindung einen beachtlichen Anteil darstellt. Es ist zwar „nur" der vorletzte Rang, jedoch muss bedacht werden, dass in die ACA nur diejenigen Merkmale aufgenommen wurden, welche schon als „besonders wichtig" herausgefiltert wurden. Ebenso gilt zu beachten, dass nur ein geringer Unterschied zwischen der Wichtigkeit des Aufgabenbereiches und dem Arbeitgeber besteht. Demnach messen die Befragten dem Arbeitgeber und dem Aufgabenbereich nahezu die gleiche Bedeutung zu. Dieses Ergebnis übertrifft alle bisher vorgenommen Analysen zur Wichtigkeit des Arbeitgebers (Wiltinger 1997, S. 68). Zwischen den Ergebnissen der einzelnen Zielgruppen bestehen auf Ebene der Merkmalswichtigkeiten keine wesentlichen Differenzen.

4.6.2.2 Merkmalsausprägungen

Zusätzlich lassen sich aus der ACA die Teilnutzenwerte der einzelnen Merkmalsausprägungen ermitteln. Diese geben an, wie hoch die Präferenzen der einzelnen Ausprägungen innerhalb eines Merkmals sind.[17]

Gesamte Stichprobe

Beim Merkmal Einkommen kann ein eindeutig abnehmender Nutzen mit sinkendem Einkommen festgestellt werden. Mit einem Teilnutzenwert von 60,35% eindeutig den größten Nutzen liefert ein Einkommen von 44.000 €. Den deutlich niedrigsten Nutzen weist hingegen ein Gehalt von 34.000 € mit

[17] Eine ausführliche Darstellung der Teilnutzenwerte der ACA befindet sich im Anhang (s. Anh. Tab. 4.4).

1,82% auf. Die weiteren Teilnutzenwerte gestalten sich wie folgt: 41.500 € (22,14%), 39.000 € (10,93%), 36.500 € (4,76%). Beim Aufgabenbereich weist ein kreativer und abwechslungsreicher Aufgabenbereich (87,08%) einen besonders hohen Nutzen auf. Der fest definierte, standardisierte Arbeitsbereich (12,92%) ist hingegen weniger beliebt. Eine ähnliche Gewichtung der Ausprägungen liegt bei der Unterteilung in kaum (16,87%) bzw. regelmäßige (83,13%) Weiterbildungsmaßnahmen vor. So besteht bei einem Stellenangebot, welches regelmäßige Weiterbildung verspricht, eine deutlich höhere Präferenz. Die Analyse der Teilnutzenwerte der Arbeitgeber bestätigt die Ergebnisse vorheriger Imageanalysen sowie des durchgeführten Pretests. Porsche erzielt mit 60,46% den klar höchsten Nutzenwert, gefolgt von Nestle mit 29,01% und Lidl mit 10,53%.

Studenten

Sowohl bei den Teilnutzenwerten der Ausprägungen des Aufgabenbereiches als auch der Weiterbildungsmaßnahmen bestehen gegenüber der Gesamtstichprobe minimale, für die Analyse der Gruppen nicht relevante Unterschiede. Nennenswerte Differenzen zeigen sich bei den Einkommensausprägungen. So liegt der Nutzen eines Gehaltes von 44.000 € bei den Studenten (62,49%) um 2,5 Prozentpunkte über dem Nutzen der Gesamtstichprobe. Im Gegenzug liegt der Nutzen bei einem Einkommen von 41.500 € mit 20,58% zwei Prozent unter dem Wert der Gesamtstichprobe. Auch bei den Nutzenwerten der einzelnen Arbeitgeber lassen sich Differenzen feststellen. So erzielt Porsche bei den Studenten einen höheren Nutzenwert (61,99%). Die Nutzenwerte von Nestle (28,23%) und Lidl (9,79%) sinken hingegen.

Informationssuchende

In dieser Zielgruppe werden alle Einkommensstufen nahezu identisch zu denen der Gesamtstichprobe bewertet, so dass die Teilnutzenwerte kaum von den bereits o.g. Werten abweichen. Bei den Ausprägungen der Merkmale Arbeitgeber und Weiterbildungsmaßnahmen sind minimale Unterschiede zwischen den Gruppen erkennbar. So messen die informationssuchenden Teilnehmer Porsche (61,06%) eine höhere Bedeutung zu, Nestle (28,31%) dafür eine geringere. Regelmäßigen Weiterbildungsmaßnahmen (82,30%) kommt hingegen ein niedrigerer Nutzen zu als bei der Gesamtstichprobe. Weisen die vorherigen Ausprägungen nur geringe zielgruppenspezifische Unterschiede auf, so liegt ein besonderes Augenmerk auf dem Aufgabenbereich. Hier kann ein deutlicher Unterschied zwischen beiden Gruppen ermittelt werden. Die Informationssuchenden sehen einen größeren Nutzen in einem kreativen Aufgabenbereich (89,75%), welches sich in einer Differenz von knapp 3 Prozentpunkten wiederspiegelt. Analog hierzu sinkt der Teilnutzenwert eines standardisierten Aufgabengebietes (10,25%).

Die Nutzenfunktionen der Merkmalsausprägungen nehmen den erwarteten Verlauf an. Wurde für das Einkommen und die Arbeitgeber bereits eine Nutzenfunktion vorgegeben (s. Kap. 4.1.2), mussten die Teilnehmer die Ausprägungen des Aufgabenbereiches und der Weiterbildungsmaßnahmen selbst bewerten. Hier wurde, analog zu den Untersuchungsergebnissen der Conjoint Studie von Wiltinger (1997, S. 65), einem abwechslungsreichen Aufgabenbereich und regelmäßigen Weiterbildungsmaßnahmen ein deutlich höherer Nutzen zugeordnet. Betrachtet man sich die jeweiligen Merkmalsausprägungen der Weiterbildungsmaßnahmen, dann lassen sich kaum zielgruppenspezifische Unterschiede feststellen. Ähnliches gilt für die Nutzenwerte der einzelnen Arbeitgeber. Es kann eine leichte Tendenz festgestellt werden, wonach sowohl Studenten als auch Informationssuchenden dem Arbeitgeber Porsche einen höheren Nutzen zuordnen. Erst im weiteren Verlauf der Analyse kann hier eine detaillierte und umfangreiche Interpretation der Ergebnisse erfolgen. Im Aufgabenbereich legen Studenten verhältnismäßig mehr Wert auf einen kreativen Arbeitsplatz. Die Abstände sind jedoch zu gering um von einem signifikanten Unterschied zu sprechen. Bei den Einkommensausprägungen liegt eine kleine Verschiebung der Nutzenwerte bei den zwei höchsten Ausprägungen vor. Studenten messen einem Gehalt von 44.000 € einen hohen Nutzen bei. Aufgrund der geringen Unterschiede wäre es jedoch falsch anzunehmen, dass Studenten ein sehr hohes Einkommen signifikant stärker präferieren.

Mit dem Bestimmtheitsmaß r^2 ist es möglich, die Anpassungsgüte (interne Validität) des Modells zu prüfen. R^2 gibt an, wie gut die Ergebnisse der Kalibrierungsphase (Phase 5) durch die vorher erlangten Teilnutzenwerte vorhergesagt werden können (Reiners 1996, S.122). Somit stellt r^2 eine Regression von Nutzenwerten und Kaufwahrscheinlichkeiten dar. Dabei kann r^2 Werte im Intervall von 0 bis 1 annehmen. Für die Gesamtstichprobe beträgt r^2=0,534. Auch für die Zielgruppe der Studenten (r^2=0,535) und der Informationssuchenden (r^2=0,533) ändert sich dieser Wert nicht entscheidend. Mit einem Minimalwert von r^2=0,463 und einem Maximalwert von r^2=0,678 liegt ein sehr ausgewogenes Ergebnis der Anpassungsgüte auf Individualniveau vor. Ein r^2 von 0,535 sagt aus, dass 53,5% der kalibrierten Werte mit den finalen Teilnutzenwerten übereinstimmen. Die Güte des Modells hängt bei der ACA von mehreren Faktoren ab. Zum einen hat die Profilstärke, sprich die Anzahl der Merkmale in einem Stimulus, auf psychologischer Ebene einen negativen Einfluss auf die Güte. Demnach steigt die Beanspruchung kognitiver Ressourcen mit zunehmender Profilstärke und die Antwortfehler nehmen zu (Reiners 1996, S. 223 f. und S. 231). Eine hohe Profilstärke impliziert zudem eine längere Beantwortungszeit, welche sich negativ auf die Motivation der Befragten auswirkt (Reiners 1996, S. 176 ff.). Empfohlen wird deshalb eine Profilstärke von zwei Merkmalen, welche in dieser Studie überschritten wird. Es sollte jedoch erwähnt werden, dass eine hohe Profilstärke auf statistischer Ebene wünschenswert ist (Reiners 1996, S. 79) und die Aufnahme von 4 Merkmalen in einem Stimulus seine Berechtigung findet.

Die isolierte Betrachtung der Ergebnisse der ACA zeigt, welche Arbeitgeberfaktoren für einen potentiellen Mitarbeiter und somit auch für den Arbeitgeber von Bedeutung sind. Es kann festgehalten werden, dass das Merkmal Arbeitgeber eine wichtige Rolle im Stellenwahlprozess einnimmt. Zur Überprüfung der Hypothesen bedarf es jedoch der weiteren Ergebnisse der Studie.

4.6.3 Image- und Einstellungsmessung

4.6.3.1 Imagemessung

Das Image der drei Arbeitgeber Porsche, Nestle und Lidl wurde anhand der Attraktivität der einzelnen Arbeitgebermerkmale gemessen. Je höher die wahrgenommene Attraktivität eines Merkmales ist, desto höher ist dessen Bewertung, wobei maximal eine Bewertung von fünf Punkten erreicht werden kann.

Gesamte Stichprobe (s. Tab. 4.5)

Über alle Arbeitgebermerkmale hinweg erzielt Porsche mit einem Mittelwert von 3,80 Punkten die höchste wahrgenommene Attraktivität. Auch bei Betrachtung der Attraktivitätswerte auf Merkmalsebene liegt Porsche mit dem jeweils höchsten Mittelwert vor Nestle und Lidl. Nestle (3,40 Pkt.) folgt Porsche mit geringem Abstand. Das gleiche Bild ergibt sich bei einem Blick auf die Bewertung der einzelnen Arbeitgebermerkmale.

n=180	Porsche	Nestle	Lidl	Distanz
Arbeitsklima	3,65	3,3667	2,1611	1,4889
Kultur	3,9333	3,3722	2,1611	1,7722
Karrierechancen	3,5889	3,3778	2,7111	0,8778
Einkommen	3,9444	3,4889	2,7889	1,1555
Weiterbildung	3,5444	3,2611	2,6333	0,9111
Ansehen	4,3333	3,4667	1,9611	2,3722
Aufgabenbereich	3,5722	3,4389	2,4889	1,0833
Mittelwert	3,7952	3,3960	2,4151	1,3801

Tab. 4.5: Imagewerte der Arbeitgeber

Daraus lässt sich folgern, dass Lidl mit 2,63 Punkten sowohl in der Gesamtbewertung als auch auf Merkmalsebene die geringste Attraktivität bei den Befragten aufweist. Interessant ist der Blick auf die Distanzen der Bewertung von Porsche und Lidl auf Merkmalsebene. Hier zeigt sich, dass bei Beurteilung der Karrierechancen mit 0,88 Punkten die geringsten Unterschiede festzustellen sind. Mit 2,37 Punkten liegt eine, im Vergleich zu den übrigen Merkmalen, deutlich höhere Distanz bei der Bewertung des Ansehens der Arbeitgeber vor. So ist der Faktor „Ansehen“ bei Porsche auch der mir Abstand am besten bewertete, bei Lidl hingegen der am schlechtesten bewertete. Ähnlich hohe Distanzen bestehen bei den Faktoren Arbeitsklima (1,49 Pkt.) und Unternehmenskultur (1,77 Pkt.). Neben dem Ansehen werden die Faktoren Einkommen und Kultur ebenfalls als sehr attraktiv wahrgenommen.

Studenten

An der Attraktivitätsreihenfolge ändert sich bei ausschließlicher Betrachtung der Ergebnisse der Studenten nichts (s. Anh. Tab. 4.6). Auch hier liegt Porsche mit einer Bewertung von 3,86 Punkten knapp vor Nestle (3,44 Pkt.) und deutlich vor Lidl (2,31 Pkt.).

n=93	Porsche	Nestle	Lidl	Distanz
Arbeitsklima	0,1027	0,0634	-0,0536	0,1563
Kultur	0,1097	0,0579	-0,1826	0,2923
Karrierechancen	0,1208	0,1168	-0,0337	0,1545
Einkommen	0,0341	0,038	-0,1007	0,1348
Weiterbildung	0,0147	0,0077	-0,1279	0,1426
Ansehen	0,0215	-0,0043	-0,1116	0,1331
Aufgabenbereich	0,0837	0,0557	-0,1556	0,2393
Mittelwert	0,0696	0,0479	-0,1094	0,1790

Tab. 4.7: Distanzen Imagewerte: Gesamtstichprobe vs. Studenten

Ein Blick auf die Distanz-Tabelle[18] (s. Tab. 4.7) zeigt einige Differenzen hinsichtlich der Bewertung der Arbeitgeber auf. So werden Porsche und Nestle von Studenten im Mittel um 0,0696 bzw. 0,0479 Punkte besser bewertet. Eine deutlich schlechtere Bewertung liegt beim Arbeitgeber Lidl vor (-0,1094 Pkt.).

Vergleicht man die Distanzen zwischen Porsche und Lidl bei der Gesamtstichprobe und bei den Studenten, so liegen durchweg höhere Distanzen bei den Studenten über alle Merkmale hinweg vor. Begründet liegt dies in der besseren Bewertung von Porsche und der gleichzeitig schlechteren Bewertung von Lidl. Das Merkmal Ansehen wird auch hier mit 4,35 Punkten für Porsche sehr attraktiv, bei Lidl mit 1,85 Punkten weniger attraktiv bewertet. Im Gegensatz zu den Ergebnissen der Gesamtstichprobe sticht auch das Merkmal Unternehmenskultur positiv für Porsche (4,04 Pkt.) und negativ für Lidl (1,98 Pkt.) hervor. Auch beim Faktor Arbeitsklima hat sich die Distanz (1,6452 Pkt.) im Vergleich zur Gesamtstichprobe um 0,1563 Punkte vergrößert.

Informationssuchende

Auch bei dieser Zielgruppe wird Porsche (3,92 Pkt.) vor Nestle (3,49 Pkt.) und Lidl (2,47 Pkt.) die höchste Attraktivität beigemessen (s. Anh. Tab. 4.6). Ein Vergleich der Mittelwerte der einzelnen Arbeitgeber zeigt, dass alle drei Arbeitgeber, verglichen mit der Gesamtstichprobe, höher bewertet wurden. Ein Blick auf die Distanztabelle (s. Tab. 4.8) zeigt, dass die Distanzen mit Ausnahme der Faktoren Karriere und Aufgabenbereich zugenommen haben. Diese Zunahme lässt sich durch den, im Vergleich zu Lidl stärkeren Zuwachs gegenüber der Bewertung von Porsche erklären. Deutlich verbessert hat sich mit 3,82 Punkten die Bewertung des Arbeitsklimas bei Porsche. Da Lidl gleichzeitig eine um 0,0111 Punkte niedrigere Bewertung erzielt hat, lässt sich bei diesem Faktor der größte Distanzzuwachs verzeichnen (0,1811 Pkt.). Insgesamt können bei den Faktoren Klima (1,67 Pkt.), Kultur (1,85 Pkt.) und Ansehen

[18] Die Distanztabelle zeigt die Differenzen zwischen der Bewertung der Arbeitgebermerkmale von der Gesamtstichprobe und von den Studenten.

(2,54 Pkt.) die größten Unterschiede in der Bewertung festgestellt werden. Das Einkommen (4,08 Pkt.) erzielt mit jenen drei Faktoren die größte wahrgenommene Attraktivität.

n=100	Porsche	Nestle	Lidl	Distanz
Arbeitsklima	0,1700	0,0633	-0,0111	0,1811
Kultur	0,1267	0,0678	0,0489	0,0778
Karrierechancen	0,1011	0,0622	0,1689	-0,0678
Einkommen	0,1356	0,0611	0,0311	0,1045
Weiterbildung	0,0756	0,0589	0,0367	0,0389
Ansehen	0,1367	0,1533	-0,0311	0,1678
Aufgabenbereich	0,1278	0,1611	0,1511	-0,0233
Mittelwert	0,1248	0,0897	0,0564	0,0684

Tab. 4.8: Distanzen Imagewerte: Gesamtstichprobe vs. Informationssuchende

Die Analyse des Images zeigt, dass die Ergebnisse des Pretests und jene der ACA bestätigt werden können, nämlich dass Porsche eindeutig ein besseres Image aufweist. In allen Arbeitgebermerkmalen schneidet Porsche am besten ab.

Die meisten Diskrepanzen kommen bei der Bewertung der Faktoren Ansehen, Kultur und Klima auf. Hier wird der Unterschied in der Wahrnehmung von Lidl und Porsche am deutlichsten. Interessant ist, dass alle drei Faktoren symbolische Eigenschaften verkörpern, welche augenscheinlich eine entscheidende Rolle bei der Beurteilung spielen. Dies könnte ein Hinweis darauf sein, dass nicht wahrnehmbare Sachverhalte bei der Entscheidungsfindung eine wichtige Rolle spielen. Studenten sehen zwischen Porsche und Lidl sehr viel größere Unterschiede als die Gesamtstichprobe. Auch die Informationssuchenden nehmen diese Differenzen wahr, jedoch insgesamt auf einem wesentlich höheren Attraktivitätsniveau. Auch hier sind die Merkmale Ansehen, Klima und

Kultur diejenigen, welche die meisten Bewertungsunterschiede hervorrufen. Weisen bei den Studenten die Faktoren Ansehen und Kultur die größten Differenzen auf, so sind es bei den Informationssuchenden die Faktoren Ansehen und Klima.

Bemerkenswert ist ebenso ein Blick auf die Beurteilung von Nestle und Porsche. So schneidet Nestle bei der Imagemessung deutlich besser ab, als es die Ergebnisse der ACA hätten vermuten lassen. Einzig das Ansehen spiegelt bei der Imagemessung den aus der ACA resultierenden, deutlichen Vorsprung von Porsche wieder. Dies lässt darauf schließen, dass die Außenwahrnehmung des Unternehmens einen entscheidenden Einfluss auf dessen Attraktivität ausübt.

Die Güte der Imageskalen kann mit Hilfe des Cronbachs Alpha berechnet werden. Als Maß der internen Konsistenz einer Skala kann mit dem Cronbachs Alpha die Reliabilität der Messung überprüft werden (Janssen und Latz 2003, S. 524 f.). Ab einem Reliabilitätskoeffizient von 0,7 kann von einer hinreichend zuverlässigen Skala ausgegangen werden. Demensprechend kann über alle drei Arbeitgeber hinweg eine hohe Messgüte der Imageskala attestiert werden (Lidl = 0,868; Nestle = 0,896; Porsche = 0,9).

4.6.3.2 Einstellungsmessung

Die Einstellungsmessung wurde anhand eines Semantischen Differentials vorgenommen. Da man den verwendeten Gegensatzpaaren eindeutig einen positiven bzw. negativen Effekt auf die Einstellung attestieren kann, ist es möglich, die Einstellung gegenüber den Arbeitgebern durch Addition und Mittelwertbildung zu errechnen. Dafür wurden die Eingaben so kodiert, dass die Werte auf der Skala mit steigender Tendenz zum positiven Adjektiv steigen. Der bestmögliche Einstellungswert ist, gemäß einer siebenstufigen Skala, eine „sieben“, der schlechteste Wert eine „eins“.

Gesamtstichprobe

Gegenüber Porsche als Arbeitgeber liegt die positivste Einstellung (5,49 Pkt.) vor. An zweiter und dritter Stelle folgen Nestle (4,91 Pkt.) und Lidl (3,13 Pkt.). Somit bestätigen sich bereits hier die Ergebnisse der vorherigen Studienabschnitte. Bei Bewertung der einzelnen Gegensatzpaare liegen bei Porsche und Nestle nahezu identische Beurteilungen aller Paare vor. Ein anderes Bild ergibt sich bei der Bewertung von Lidl. Hier lässt sich ein positiver Ausschlag bei der Beurteilung der Bedeutsamkeit beobachten. Liegt man sonst im Durchschnitt bei 3,13 Punkten, erzielt Lidl hier immerhin 3,65 Punkte. Bei der Sympathie verzeichnet Lidl hingegen mit nur 2,75 Punkten einen stark negativen Ausschlag auf der Skala (s. Anh. Tab. 4.9).

Studenten

Studenten weisen eine positivere Einstellung gegenüber Porsche (5,59 Pkt.) und Nestle (4,97 Pkt.) und eine negativere gegenüber Lidl (2,93 Pkt.) auf. Auch hier bestätigt sich das Bild der Imagemessung, dass Studenten einen wesentlich größeren Unterschied zwischen den Arbeitgebern Porsche und Lidl wahrnehmen. Auf Ebene der Adjektivpaare kann grundsätzlich eine positivere Bewertung bei Porsche und Nestle verzeichnet werden, wobei Studenten, verglichen mit der Gesamtstichprobe, Porsche vor allem sympathischer, befriedigender und wünschenswerter empfinden. Auch Nestle wird verglichen mit der Gesamtstichprobe sympathischer eingestuft. Bei Lidl ergibt sich, analog zu den Ergebnissen der Gesamtstichprobe, ein uneinheitliches Bild. Jedoch fällt die Bewertung der Paare hier um ca. 0,2 Punkte schlechter aus (s. Anh. Tab. 4.9 und 4.10).

Informationssuchende

Bei den Informationssuchenden ist in allen Dimensionen eine positivere Einstellung festzustellen. Porsche liegt in der Einstellungsmessung mit 5,73 Punkten vor Nestle (5,10 Pkt.) und Lidl (3,18 Pkt.). Porsche wird hierbei mit einem Zuwachs von 0,36 Punkten von den Informationssuchenden als besonders bedeutend (5,91 Pkt.) angesehen, Nestle dagegen als sehr wünschenswert (5,14 Pkt.). Bei beiden Arbeitgebern lassen sich in allen Bereichen relativ große Zuwächse hinsichtlich der wahrgenommenen Einstellung verzeichnen. Man hat gegenüber Lidl zwar eine positivere Einstellung, der Zuwachs ist jedoch im Gegensatz zu den anderen beiden Unternehmen mit einer Ausnahme minimal. So wird Lidl von Informationssuchenden positiver (+0,13 Pkt.) angesehen (s. Anh. Tab. 4.9 und 4.10).

Die Ergebnisse der Einstellungsmessung zeigen, dass Porsche, unabhängig von der Zielgruppe, am besten wahrgenommen wird. Dabei haben Studenten und Informationssuchende im Vergleich zur Gesamtstichprobe eine positivere Einstellung. Die Einstellungswerte von Nestle liegen hinter denen von Porsche auf dem mittleren Platz. Auch hier besteht nur ein geringer Unterschied in der Bewertung, was den Ergebnissen der ACA widerspricht. Analog zu den Ergebnissen von Porsche nehmen Studenten und Informationssuchende Nestle besser wahr als die Gesamtstichprobe. Lidl liegt mit einem, im Vergleich zu den beiden anderen Arbeitgebern, schlechten Einstellungswert abgeschlagen auf dem letzten Platz. Auffällig ist, dass die Ergebnisse von Studenten und Informationssuchenden voneinander abweichen. So liegt der Einstellungswert der Studenten deutlich unter dem der Gesamtstichprobe. Bei den Informationssuchenden ergibt sich hingegen ein minimal besserer Wert. Auf Ebene der Adjektivpaare sticht die negative Beurteilung von Lidl hinsichtlich der entgegengebrachten Sympathie ins Auge. Es scheint, dass die Spitzelaffäre vor allem in dieser Bewertung Einfluss genommen hat und negativ auf den Einstellungswert wirkt, womit die Kluft zwischen Porsche und Nestle vergrößert wird. Mit Cronbachs Alpha-Werten von über 0,8 für alle Zielgruppen und Arbeitgeber kann eine hohe Gesamtreliabilität der Einstellungsskala attestiert werden (s. Anh. Tab. 4.11).

4.6.3.3 Zusammenhang zwischen Image- und Einstellungsmessung

Die Messung der Einstellung gegenüber den Arbeitgebern stellt eine Zusatzanalyse zu der ebenfalls durchgeführten Messung des Employer Image dar. Da das Image auch als mehrdimensionales Einstellungskonstrukt verstanden wird, besteht zwischen beiden Konstrukten ein enger Zusammenhang, welcher sich auch in den Ergebnissen bestätigen sollte. Betrachtet man die Erkenntnisse beider Analysen, so lassen sich folgende Punkte festhalten. Sowohl bei der Image- als auch bei der Einstellungsmessung wird Porsche auf dem ersten, Nestle auf dem zweiten und Lidl auf dem letzten Rang gesehen. Positiv ist, dass auch die Ergebnisse der jeweiligen Zielgruppen gleiche Beurteilungen erkennen lassen. So bewertet die Gruppe der Studenten sowohl bei der Einstellungs- als auch bei der Imagemessung Porsche und Nestle stärker, Lidl hingegen deutlich schwächer als die Gesamtstichprobe. Ähnliche Übereinstimmungen findet man bei den Informationssuchenden vor. In beiden Skalen werden den Arbeitgebern höhere Werte zugeordnet als in der Gesamtstichprobe, wobei die Beurteilung von Lidl sich nur minimalen verbessert.

	Gesamt-stichprobe	Studenten	Informations-suchende
Porsche	0,406	0,401	0,351
Nestle	0,461	0,431	0,520
Lidl	0,656	0,623	0,690

Tab. 4.12: Korrelation: Image- und Einstellungsmessung

Die offensichtlich positiven Zusammenhänge der Messung beider Skalen sollen durch den Reliabilitätskoeffizient von Pearson überprüft werden. Dieser misst den linearen Zusammenhang zwischen zwei Merkmalen und kann Werte in einem Intervall von -1 bis +1 annehmen (Duller 2007, S. 134 f.). Ein Blick auf die Korrelationstabelle (s. Tab. 4.12) zeigt, dass sich bei allen drei Gruppen ein positiver Zusammenhang zwischen Einstellungs- und Imagemessung nachweisen lässt. Zudem ist der Zusammenhang auf einem Niveau von 0,01 für alle Gruppen und Arbeitgeber signifikant (zweiseitig). Der aus den Ergebnissen vermutete Zusammenhang zwischen beiden Messungen kann dementsprechend auch auf statistischer Ebene bestätigt werden.

4.6.4 Bedeutung des Images bei der Arbeitgeberwahl

Mit den Ergebnissen der ACA und der Einstellungs- und Imagemessung ist es möglich, eine Überprüfung der Hypothesen 1.1 und 1.2 vorzunehmen. Diese treffen eine Aussage über den Zusammenhang zwischen dem wahrgenommenen Image bzw. der wahrgenommenen Einstellung gegenüber den Arbeitgebern und den ermittelten Teilnutzenwerten der ACA.

Spearmans Rangkorrelationskoeffizient						
	Image			**Einstellung**		
	N=180	N=93	N=100	N=180	N=93	N=100
Porsche	0,246**	0,180*	0,253**	0,319**	0,256**	0,501**
Nestle	0,089	0,089	0,090	0,148*	0,139	0,153
Lidl	0,259**	0,254**	0,332**	0,342**	0,354**	0,411**
* Die Korrelation ist auf dem Niveau von 0,05 (zweiseitig) signifikant. ** Die Korrelation ist auf dem Niveau von 0,01 (zweiseitig) signifikant.						

Tab. 4.13: Korrelation: Image- bzw. Einstellungsmessung und Teilnutzenwerte der ACA

Zur Überprüfung des Zusammenhangs wurden den individuellen Teilnutzen- und Einstellungs- bzw. Imagewerten Ränge zugeordnet, welche dann mit Hilfe des Rangkorrelationskoeffizienten von Spearman auf ihre Korrelation hin überprüft wurden. Variablen sind dann positiv korreliert, wenn niedrige (hohe) Werte einer Variablen auch niedrige (hohe) Werte der anderen Variablen bedeuten (Janssen und Laatz 2003, S. 242). Hiermit lässt sich prüfen, ob ein Zusammenhang zwischen einer positiven (negativen) Beurteilung des Images bzw. der Einstellung gegenüber einem Arbeitgeber und einem hohem (niedrigen) Teilnutzenwert der Arbeitgeber bei der Stellenwahl besteht.

Ein Blick auf die Rangkorrelationskoeffizienten (s. Tab. 4.13) zeigt, dass die Korrelationen von Porsche, Nestle und Lidl unterschiedliche Ergebnisse und Signifikanzniveaus liefern und keine eindeutige Beurteilung der Hypothese erfolgen kann. Deshalb sollen die bereits formulierten Hypothesen nochmals hinsichtlich der einzelnen Arbeitgeber spezifiziert werden.

H:1.1	**Es besteht ein positiver Zusammenhang zwischen dem wahrgenommenen Image gegenüber einem Arbeitgeber und dessen Nutzen bei der Arbeitgeberwahl.**
a	Es besteht ein positiver Zusammenhang zwischen dem wahrgenommenen Image gegenüber **Porsche** und dessen Nutzen bei der Arbeitgeberwahl.
b	Es besteht ein positiver Zusammenhang zwischen dem wahrgenommenen Image gegenüber **Nestle** und dessen Nutzen bei der Arbeitgeberwahl.
c	Es besteht ein positiver Zusammenhang zwischen dem wahrgenommenen Image gegenüber **Lidl** und dessen Nutzen bei der Arbeitgeberwahl.
H:1.2	**Es besteht ein positiver Zusammenhang zwischen der Einstellung gegenüber einem Arbeitgeber und dessen Nutzen bei der Arbeitgeberwahl.**
a	Es besteht ein positiver Zusammenhang zwischen der Einstellung gegenüber **Porsche** und dessen Nutzen bei der Arbeitgeberwahl.
b	Es besteht ein positiver Zusammenhang zwischen der Einstellung gegenüber **Nestle** und dessen Nutzen bei der Arbeitgeberwahl.
c	Es besteht ein positiver Zusammenhang zwischen der Einstellung gegenüber **Lidl** und dessen Nutzen bei der Arbeitgeberwahl.

Hypothese 1.1c und 1.2c können bekräftigt werden, da sowohl der Zusammenhang zwischen Einstellungsmessung und ACA, als auch der Zusammenhang zwischen Imagemessung und ACA über alle drei Stichproben hinweg hochsignifikant ist. Auch die Ergebnisse der Korrelationsanalyse von Porsche sind mit einer Ausnahme hochsignifikant und unterstützen somit Hypothese 1.2a und 1.2c. Hypothese 1.1b kann nicht aufrecht erhalten werden. Es besteht zwar ein minimal positiver Zusammenhang zwischen dem Image und dem Teilnutzenwert von Nestle, dieser ist jedoch nicht signifikant. Ein sig-

nifikanter Zusammenhang zwischen Einstellungsmessung und Teilnutzenwerten von Nestle lässt sich nur bei Analyse der Gesamtstichprobe feststellen. Somit kann Hypothese 1.2b nur für die Gesamtstichprobe unterstützt werden.

4.6.5 Rangreihung

Gesamtstichprobe

Die Analyse der Gesamtstichprobe hat ergeben, dass der Aufgabenbereich mit einem Rangwert von 2,49 knapp vor dem Klima (2,52 Rg.) auf dem ersten Rang landet. Danach folgen mit größerem Abstand auf dem dritten bzw. vierten Rang das Einkommen (3,24 Rg.), und die Karrierechancen (3,86 Rg.). Die Weiterbildungsmaßnahmen (4,95 Rg.) und die vorhandene Unternehmenskultur (5,10 Rg.) belegen lediglich die hinteren Plätze. Abgeschlagen auf dem letzten Platz findet sich das Ansehen (5,84 Rg.) des Arbeitgebers wieder.

Studenten

Bezüglich der Rangwerte der einzelnen Arbeitgeberfaktoren ergeben sich genau zwei Änderungen. Das Arbeitsklima belegt nun mit einem Rangwert von 2,51 gemeinsam mit dem Aufgabenbereich den ersten Rang. Die Rangplätze gewechselt haben die Unternehmenskultur (5,12 Rg.) und die Weiterbildungsmaßnahmen (5,24 Rg.). Auch wenn die Karriere und das Ansehen die gleichen Rangplätze wie die Gesamtstichprobe einnehmen, so zeigen sie sich doch im Mittel ihres Rangwertes verbessert (s. Tab. 4.14).

Informationssuchende

Bei der Stichprobe der Informationssuchenden präsentiert sich die Rangfolge der Arbeitgeberkriterien gleich jener der Gesamtstichprobe. Die Bedeutung des Ansehens (5,60 Rg.) und der Karrieremöglichkeiten (3,53 Rg.) ist für die Wahl des Arbeitgebers jedoch größer. Der Rangwert des Arbeitsklimas (2,71 Rg.) sinkt dafür im Vergleich zu den Rangwerten der Gesamtstichprobe.

Die Ergebnisse zeigen, dass bei der Arbeitgeberwahl nicht die Merkmale mit Erfahrungs- und Vertrauenseigenschaften dominieren und somit Hypothese 2 verworfen werden muss. Zwar spielt das Klima eine sehr wichtige Rolle bei der Entscheidungsfindung, die Unternehmenskultur und das Ansehen des Arbeitgebers jedoch nur eine untergeordnete. Vielmehr lässt sich aus der Rangreihung auf ein annäherndes Gleichgewicht zwischen instrumentellen und symbolischen Arbeitgebereigenschaften schließen. Obwohl die Hypothese keine Unterstützung erfährt, lassen sich aus der Untersuchung dennoch einige Schlüsse ziehen. Der dritte Rang des Faktors Einkommen unterstützt nochmals die bereits getätigte Behauptung, dass das Einkommen bei direkter Befragungstechnik im Vergleich zur indirekten Befragung schlechter abschneidet (s. Ergebnis ACA).

	Gesamtstichprobe		Studenten		Informationssuchende	
	Rangwert	Rang	Rangwert	Rang	Rangwert	Rang
Klima	2,5222	2	2,5054	1	2,71	2
Kultur	5,1	6	5,1183	5	5,21	6
Karriere	3,8556	4	3,6129	4	3,53	4
Ansehen	5,8389	7	5,6882	7	5,6	7
Einkommen	3,2389	3	3,3333	3	3,2	3
Aufgaben	2,4944	1	2,5054	1	2,64	1
Weiterbildung	4,95	5	5,2366	6	5,11	5

Tab. 4.14: Rangwerte der Arbeitgebermerkmale

Nun soll nochmals ein Blick auf die Rolle der symbolischen Arbeitgebermerkmale Kultur, Klima und Ansehen geworfen werden. So wurden diese Faktoren bei der Imagemessung von den Teilnehmern herangezogen, um die Arbeitgeber, im speziellen Porsche und Lidl, deutlich voneinander abzugrenzen. Bei der Rangreihung konnte nur das Klima auf den vorderen Plätzen landen, das Ansehen belegte jedoch nur den letzten Rang. Dies entspricht nicht den Ergebnissen der ACA, bei der das Merkmal „Arbeitgeber“ immerhin eine relative Wichtigkeit von über 20% erzielte. Verantwortlich für diese Differenzen könnte der Effekt der sozial erwünschten Antworten sein, nach dem die Teilnehmer nicht zugeben möchten, dass ihre Entscheidung von der Meinung anderer abhängt (Wiltinger 1997, S. 67). Da die deutliche Positionierung der Arbeitgeber bei der Imagemessung durch jene symbolischen Eigenschaften mit der Ausprägung der Teilnutzenwerte übereinstimmt, kann eine wichtigere Rolle dieser Eigenschaften vermutet werden. Auch der bei Porsche und Lidl vorliegende, hochsignifikante Zusammenhang zwischen Image- und Nutzenwerten unterstützt die Feststellung, dass Individuen von einem wahrgenommenen Employer Image auf nicht wahrnehmbare Sachverhalte schließen.

4.6.6 Persönlichkeitsmessung

Mit der Messung der eigenen Persönlichkeit sowie die der Arbeitgeber ist es möglich, einen Abgleich zwischen den Persönlichkeiten vorzunehmen. Somit lassen sich die Hypothese 4.1 und 4.2 überprüfen, welche eine geringere Distanz zwischen der Gesamtstichprobe bzw. zwischen der individuellen Persönlichkeit und der des meist präferierten Arbeitgebers im Vergleich zum am wenigsten präferierten Arbeitgeber postuliert. Um diesen Sachverhalt untersuchen zu können, müssen die Distanzen zwischen den relevanten Persönlichkeiten berechnet und verglichen werden. Hier interessiert die Persönlichkeit von Porsche als Arbeitgeber mit der höchsten Präferenz und von Lidl als Arbeitgeber mit der niedrigsten Präferenz. Der Arbeitgeber Nestle wird hier aus der Analyse ausgeschlossen.

	Porsche	Lidl
Gesamtstichprobe	2,762	5,625
Studenten	2,916	5,728
Informationssuchende	2,731	6,075

Tab. 4.15: Distanzen: Arbeitgeberpersönlichkeit vs. Persönlichkeit Gesamtstichprobe

Der Abgleich der Persönlichkeit der Gesamtstichprobe mit der Persönlichkeit von Porsche ergibt eine Distanz von 2,762 Punkten (s. Tab. 4.15). Da die Distanz zu der Persönlichkeit von Lidl mit 5,625 Punkten deutlich über jener von Porsche liegt, kann Hypothese 4.1 für die Gesamtstichprobe unterstützt werden. Auch bei der Persönlichkeit der Studenten und der Informationssuchenden ist die Distanz zur Persönlichkeit von Porsche deutlich niedriger. Ein Blick auf die Distanzwerte der einzelnen Items der Persönlichkeitsmessung zeigt, dass mit Ausnahme eines Items Porsche eine geringere Distanz als Lidl aufweist. Bei dem Persönlichkeitsmerkmal „erfolgreich" liegt eine deutliche Distanz zu der Beurteilung von Porsche vor. Deuten lässt sich dieser Ausreißer durch die Erkenntnisse der Selbstkonzepttheorie. Demnach möchte ein Individuum zum einen sein Selbstbild bestätigen, aber auch eine Annäherung an das Idealselbst erreichen. Im Falle der Eigenschaft „erfolgreich" kann angenommen werden, dass man mit der Zugehörigkeit zu Porsche seinem Idealselbst, in Form eines erfolgreichen Lebens, näher kommen möchte. Eine größere Distanz wirkt sich in diesem Fall nicht negativ auf die Präferenz zu dem Arbeitgeber aus. Es soll jedoch eine detailliertere Analyse vorgenommen werden (Hypothese 4.2). Hierzu wurde die Gesamtstichprobe von 180 Teilnehmern in zwei Gruppen unterteilt. Eine Gruppe bilden jene Teilnehmer, welche in der ACA Porsche einen höheren Teilnutzenwert als Lidl attestieren und dementsprechend eine Affinität für Porsche vorweisen (porscheaffin). Die zweite Gruppe bilden jene Teilnehmer, welche Lidl einen höheren Nutzen zuordnen, also lidlaffin sind. Da diese Gruppe mit 13 Mitgliedern sehr klein ist, wird hier auf eine Unterscheidung von Studenten und Informationssuchenden verzichtet. Ebenso muss festgehalten werden, dass eine Stichprobe von 13 Personen nur Tendenzen aufweisen kann und keinesfalls Basis für eine stichhaltige Datenanalyse ist. Die Ergebnisse der Analyse zeigen, dass sowohl bei den Porscheaffinen als auch bei den Lidlaffinen die Distanz zu der Persönlichkeit von Porsche geringer ist als jene von Lidl (s. Tab. 4.16).

	Porsche	Lidl
Gesamtstichprobe	2,762	5,625
Porscheaffin	2,738	5,7
Lidlaffin	3,296	4,716

Tab. 4.16: Distanzen: Arbeitgeberpersönlichkeit vs. Persönlichkeit Porscheaffin/Lidlaffin

Da laut Hypothese bei den Lidlaffinen ein geringerer Abstand zu der Persönlichkeit von Lidl bestehen müsste, muss diese verworfen werden. Trotzdem kann festgehalten werden, dass sich der Abstand zwischen der Persönlichkeit der Lidlaffinen und der des Arbeitgebers Lidl deutlich verringert und für den Arbeitgeber Porsche erhöht hat.

	zuverlässig		temperamentvoll		bodenständig		phantasievoll	
	Lidl	Porsche	Lidl	Porsche	Lidl	Porsche	Lidl	Porsche
Porscheaffin	2,521	0,551	1,377	1,096	0,689	0,635	2,096	0,126
Lidlaffin	2,231	0,923	0,692	0,923	1,154	1,692	1,769	0,615
H. 4.2	**Verworfen (Skandal?)**		**unterstützt**		**unterstützt**		**Verworfen (Branche?)**	
	erfolgreich		**ehrlich**		**fröhlich**		**gewagt**	
	Lidl	Porsche	Lidl	Porsche	Lidl	Porsche	Lidl	Porsche
Porscheaffin	0,15	1,222	3,467	1,407	2,563	1,162	0,874	0,868
Lidlaffin	0,231	1,077	2,769	1,692	2,077	1,231	0,538	0,615
H. 4.2	**Verworfen (Idealselbst)**		**Verworfen (Skandal)**		**Verworfen (Skandal?)**		**unterstützt**	

Tab. 4.17: Distanzen: Arbeitgeberpersönlichkeit vs. Porscheaffin/Lidlaffin (Eigenschaften)

Eine Analyse der Distanzen bei den einzelnen Persönlichkeitseigenschaften soll Aufschluss über die Entwicklung der Gesamtdistanz geben und eine detaillierte Beurteilung ermöglichen (s. Tab. 4.17). Sowohl die Porsche- als auch die Lidlaffinen empfinden Porsche als deutlich *zuverlässiger*. Da sich die Teilnehmer selbst im Vergleich den höchsten Zuverlässigkeitswert zugesprochen haben, liegt eine wesentlich höhere Distanz zur Persönlichkeit von Lidl vor. Hypothese 4.2 wird für die Persönlichkeitseigenschaft „zuverlässig" entkräftigt, es liegt lediglich eine Annäherung in der Einschätzung von Porsche und Lidl bei den Lidlaffinen vor. Ein Grund für die schlechte Bewertung von Lidl könnte hier die Auswirkung des Skandals um die Mitarbeiterüberwachung und das damit einhergehende Misstrauen sein. Als zweites mussten die Teilnehmer angeben, wie *temperamentvoll* sie die Arbeitgeber und sich selbst einschätzen. Die Ergebnisse zeigen, dass hier zwischen den Lidl- und Porscheaffinen deutliche Unterschiede liegen. Ist bei den Porscheaffinen die Distanz der Persönlichkeit von Porsche zu der individuellen Persönlichkeit geringer als zur Persönlichkeit von Lidl, so liegt die geringste Distanz bei den Lidlaffinen zu der Persönlichkeit von Lidl und nicht zu Porsche vor. Für die Persönlichkeitseigenschaft „temperamentvoll" kann Hypothese 4.2 unterstützt werden. Gleiches gilt für die Ähnlichkeit der *Bodenständigkeit* von Arbeitgeber und Befragten. Auch hier liegt bei den Lidlaffinen eine Bewertung der Persönlichkeit von Lidl vor, die einen geringeren Abstand zu der wahrgenommenen Persönlichkeit als Porsche vorweist. Analog hierzu erfolgte die Bewertung der Porscheaffinen für den Arbeitgeber Porsche. Hypothese 4.2 kann somit auch für die Eigenschaft „bodenständig" unterstützt werden.

Eine Annäherung in der Bewertung der Persönlichkeit, jedoch keine Unterstützung von Hypothese 4.2 liegt bei dem Persönlichkeitsmerkmal *„phantasievoll"* vor. Die doch sehr differenzierte Einschätzung beider Arbeitgeber könnte auf die unterschiedlichen Branchen zurückzuführen sein. So bedient Lidl in der Lebensmittelbranche die Grundbedürfnisse der Konsumenten, wohingegen Porsche mit Luxusprodukten Phantasien und Wünsche der Konsumenten befriedigt. Die nächste Persönlichkeitseigenschaft *„erfolgreich“* liefert ein völlig anderes Bild. Hier liegt sowohl bei den Porsche- als auch bei den Lidlaffinen ein größerer Abstand zur Persönlichkeit von Porsche vor. Dies ist zudem das einzige Merkmal, bei dem die Teilnehmer sich schlechter einschätzen als die Arbeitgeber. Wie bereits schon erläutert, zeigt sich hier der Einfluss des Strebens nach dem Idealselbst. So ist es logisch, dass zu dem am meistpräferierten Arbeitgeber die größte Distanz vorliegt. Trotzdem muss festgehalten werden, dass Hypothese 4.2 nicht unterstützt werden kann. Einen deutlichen Einfluss des Lidl-Skandals auf die Außenwahrnehmung des Unternehmens wird bei der folgenden Persönlichkeitseigenschaft deutlich. Bei Einschätzung der *Ehrlichkeit* der Arbeitgeber liegt bei Lidl eine drastisch erhöhte Distanz sowohl zu der Bewertung der anderen Arbeitgeber als auch zur Bewertung der eigenen Persönlichkeit vor. Hier ist eine bessere Bewertung von Lidl durch die Gruppe der Lidlaffinen nicht zu erwarten und auch nicht realistisch.

Eine Annäherung der Distanzen von Porsche und Lidl wird bei dem Merkmal *„fröhlich“* erzielt. Trotzdem bleibt die Distanz bei Porsche- und Lidlaffinen zu der Persönlichkeit von Porsche geringer. Auch hier könnte ein Zusammenhang zu der negativen Presse und den „schlechten“ Arbeitsbedingungen bestehen. Die zuletzt erfragte Eigenschaft erfordert eine Angabe über die *Gewagtheit* der Arbeitgeber. Da der Abstand der Persönlichkeiten von Lidlaffinen und Lidl geringer ist als zu Porsche und der Abstand der Persönlichkeiten von Porscheaffinen und Porsche geringer ist als zu Lidl, kann Hypothese 4.2 auch hier unterstützt werden.

Insgesamt kann Hypothese 4.2 für drei Eigenschaften aufrecht erhalten werden. Für die Verwerfung der Hypothese in punkto Ehrlichkeit kann eindeutig der Abhörskandal verantwortlich gemacht werden. Des Weiteren lässt sich ebenso ein Einfluss auf die Merkmale „fröhlich“ und „zuverlässig“ vermuten, bei denen nur eine Annäherung erfolgt. Die unterschiedlichen Branchen von Porsche und Lidl könnten verantwortlich dafür sein, dass auch für das Merkmal „phantasievoll“ die Hypothese verworfen werden musste. Aufgrund der sehr guten Bewertung hinsichtlich des Erfolgs von Porsche und dem Streben von Individuen nach dem idealen Selbst kann auch hier keine Aufrechterhaltung erfolgen. Berücksichtigt man all diese Aspekte, so konnte die hier gestellte Vermutung zwar nicht bewiesen werden, jedoch wurden Ansätze für deren Richtigkeit aufgedeckt.

Eine Analyse der Gesamtreliabilität der Skala zur Persönlichkeitsmessung ergibt mit einem Cronbachs Alpha von über 0,8 eine hinreichende Zuverlässigkeit der Daten. Analysiert man die Zuverlässigkeit der Skala auf Basis der einzelnen Persönlichkeitsmessungen, dann ergeben sich folgende Werte: Eigene Persönlichkeit = 0,694; Lidl = 0,783; Nestle = 0,731; Porsche = 0,765. Hier fallen die Zuverlässigkeitskoeffizienten, vor allem bei der Messung der eigenen Persönlichkeit, wesentlich niedriger aus. Durch Ausschluss der Persönlichkeitseigenschaft „bodenständig“ könnte für zukünftige Analysen die Gesamtreliabilität der Skala weiter verbessert werden.

4.6.7 Informationsverhalten

Eine große Rolle für die Wirkung einer Marke spielt auch der Faktor „Informationen“. Deshalb wurden im Anschluss an die Befragung noch einige Fragen zum Informationsverhalten der Teilnehmer gestellt. Zu den am meistgenutzten Informationsquellen zählen neben der Unternehmenshomepage auch Freunde, Stellenanzeigen und persönliche Erfahrungen (s. Anh. Tab. 4.18). Die Einstellung gegenüber einem Arbeitgeber bildet sich demnach sowohl über dessen Auftreten auf dem Konsumentenmarkt als auch über das interne Auftreten des Unternehmens gegenüber seinen Mitarbeitern. Dies bestätigt die Notwendigkeit einer von innen nach außen gerichteten Markenführung (s. Kap. 3.1). Die Informationen direkt beim Arbeitgeber in Form von Workshops (14,92%) oder Kontaktmessen (28,73%) zu sammeln, ist dagegen eher unüblich. Deshalb ist es wichtig, dass ein Arbeitgeber nicht nur im direkten Kontakt um ein gutes Bild bemüht ist, sondern in allen Unternehmensbereichen und Kontaktmöglichkeiten. Da ein großes Problem der Arbeitgeberwahl in der wahrgenommenen Intransparenz der Unternehmen liegen soll, wurde diese ebenfalls abgefragt. Ein Ergebnis von einem Punkt bedeutet vollkommen unzureichende zur Verfügung stehende Informationen und sieben Punkte vollkommen ausreichende Informationen. So liegt mit einem Mittelwert von 3,75 Punkten zwar keine vollständige Intransparenz vor, jedoch anscheinend auch nicht genügend Informationen seitens der Bewerber. Es besteht seitens der Arbeitgeber Verbesserungspotential hinsichtlich der Bereitstellung von Informationen. Ein geringer Informationsstand führt dazu, dass die Employer Brand als „information chunk" herangezogen wird und dementsprechend an Funktionalität gewinnt. Demnach sollte ein positiver Zusammenhang zwischen einem als zu gering empfundenen Informationsstand und der Wichtigkeit des Merkmals Arbeitgeber bei der Stellenwahl bestehen. Die Korrelationsanalyse nach Pearson ergibt jedoch einen negativen Zusammenhang von -0,194, weshalb Hypothese 3 nicht aufrecht erhalten werden kann.

Gründe für den negativen Zusammenhang lassen sich in den Ergebnissen der Informationsbedürfnisse der Teilnehmer finden. Hier sollte angegeben werden, für welche Arbeitgebermerkmale sich die Befragten mehr Informationsmaterial wünschen. Dabei wird dem Aufgabenbereich (78,45%), den Weiterbildungsmaßnahmen (60,77%) und dem Einkommen (61,33%) das größte Informationsbedürfnis zugesprochen (s. Anh. Tab. 4.18). Dies sind genau jene Faktoren, welche in der ACA konkret vorgegeben werden und höchstwahrscheinlich dazu beitragen, dass die sich die Wirkung der Employer Brand als „information chunk" aufgrund eines hohen empfundenen Informationsstandes nicht richtig entfalten kann. Die Auswertung der Informationsbedürfnisse zeigt auch, dass für alle Bereiche mehr Informationen gewünscht werden. Unterschiede zu den Studenten und Informationssuchenden liegen für den Faktor Karrierechancen vor. Hier wünschen sich beide Zielgruppen deutlich mehr Informationen als die

Gesamtstichprobe. Studenten würden zusätzlich gerne mehr Informationen bzgl. des Einkommens erhalten.

4.7 Interpretation der Ergebnisse und Forschungsempfehlungen

Welche Aussagen lassen sich nach der Ergebnisanalyse treffen? In Tabelle 4.19 sind alle Resultate der aufgestellten Hypothesen zusammenfassend aufgelistet.

Die *ACA* hat offenbart, dass das Einkommen eine wesentlich größere Rolle bei der Arbeitgeberwahl spielt, als es die vorherigen Studien gezeigt haben. Um den Einkommenseffekt bei der Stellensuche detaillierter untersuchen zu können, wäre die Durchführung einer Marktsimulation[19] der nächste logische Schritt. Die Ergebnisse lassen jedoch schon vermuten, dass es sich auch attraktive Arbeitgeber nicht erlauben können, unterdurchschnittliche Gehälter zu zahlen. Zu erwarten war, dass ein abwechslungsreicher Aufgabenbereich sehr viel stärker präferiert wird als ein routinierter. Da es sich bei den vakanten Stellenangeboten jedoch um solche für Akademiker bzw. qualifizierte Mitarbeiter handelt, ist das Fehlen eines anspruchsvollen und eigenverantwortlichen Arbeitsbereiches nicht das Hauptproblem der Arbeitgeber bei der Mitarbeitersuche. Das Hauptaugenmerk der ACA lag auf dem Merkmal Arbeitgeber. Mit einer Merkmalswichtigkeit von über 20% wurde dem Arbeitgeber ein hoher Nutzen zugeschrieben. Da ein positiver Zusammenhang zwischen der Einstellung bzw. dem Image der Arbeitgeber und der Wichtigkeit des Arbeitgebers attestiert werden konnte, kann davon ausgegangen werden, dass der Arbeitgeber in der ACA stellvertretend für die Einstellung bzw. das Image gegenüber diesem Arbeitgeber steht. Denn eine positivere Wahrnehmung des Arbeitgebers durch den Bewerber hat zur Folge, dass die Präferenz bzgl. dieses Ar-

[19] Durch Marktsimulationen lässt sich der Einfluss von Produkt- und Preispolitik auf das Wahlverhalten der Teilnehmer bestimmen (Teichert et Al. 2008, S. 682). Somit ließe sich bspw. der Vorteil eines guten Employer Image in Form eines Gehaltsvorteiles quantifizieren (Wiltinger 1997, S. 70 f.).

beitgebers steigt. Somit kann bescheinigt werden, dass das Employer Image eine positive Auswirkung auf die Attraktivität eines Arbeitgebers hat und dazu beiträgt, „Employer of Choice" zu werden.

H 1.1a:	Es besteht ein positiver Zusammenhang zwischen dem wahrgenommenen Image gegenüber *Porsche* und dessen Nutzen bei der Arbeitgeberwahl.	+
H 1.1b:	Es besteht ein positiver Zusammenhang zwischen dem wahrgenommenen Image gegenüber *Nestle* und des sen Nutzen bei der Arbeitgeberwahl.	+ *
H 1.1c:	Es besteht ein positiver Zusammenhang zwischen dem wahrgenommenen Image gegenüber *Lidl* und dessen Nutzen bei der Arbeitgeberwahl.	+
H 1.2a:	Es besteht ein positiver Zusammenhang zwischen der Einstellung gegenüber *Porsche* und dessen Nutzen bei der Arbeitgeberwahl.	+
H 1.2b:	Es besteht ein positiver Zusammenhang zwischen der Einstellung gegenüber *Nestle* und dessen Nutzen bei der Arbeitgeberwahl.	-
H 1.2c:	Es besteht ein positiver Zusammenhang zwischen der Einstellung gegenüber *Lidl* und dessen Nutzen bei der Arbeitgeberwahl.	+
H 2:	Die symbolischen Eigenschaften haben eine höhere Bedeutung bei der Präferenzwahl als die instrumentel len Arbeitgebereigenschaften	-
H 3:	Es besteht ein positiver Zusammenhang zwischen der empfundenen Intransparenz von Arbeitgebern und der relativen Wichtigkeit des Merkmals Arbeitgeber bei der Stellenwahl.	-
H 4.1:	Die Ähnlichkeit zwischen der Persönlichkeit der Ge samtstichprobe und dem Arbeitgeber, welcher am meisten präferiert wird, ist größer, als die Ähnlichkeit zwischen der Persönlichkeit der Gesamtstichprobe und dem Arbeitgeber, welcher am wenigsten präferiert wird.	+
H 4.2:	Die Ähnlichkeit zwischen dem eigenen Selbst und dem des Arbeitgebers, welchen man am meisten präferiert, ist größer, als die Ähnlichkeit zwischen dem eigenen Selbst und dem Arbeitgeber, welchen man am wenigs ten präferiert.	-
+ kann unterstützt werden - verworfen	* nur für die Gesamtstichprobe	

Tab. 4.19: Erkenntnisziele – Fazit

Waren die *Image- und Einstellungsmessung* ursprünglich nur zur Überprüfung des vorherigen Sachverhaltes gedacht, so liefern deren Ergebnisse zusätzlich andere Erkenntnisse. Die Imagemessung konnte die in der ACA angedeuteten Wahrnehmungsunterschiede zwischen den einzelnen Zielgruppen verdeutlichen. Gegenüber der Zielgruppe neigen die Studenten und Informationssuchenden zu einer extremeren Bewertung der Arbeitgeber. So wird Porsche deutlich positiver, Lidl klar negativer wahrgenommen. Die Einstellungsmessung konnte diese Tendenz bestätigen. So muss sich den Arbeitgebern die Frage stellen, auf welche Art und Weise die Wahrnehmung der Zielgruppen gesteuert werden kann. Eine mögliche Antwort wird bei näherer Betrachtung aus den Ergebnissen ersichtlich. Bei der Imagemessung sind es die *symbolischen Faktoren* Arbeitsklima, Unternehmenskultur und Ansehen, welche den entscheidenden Unterschied sowohl zwischen den Arbeitgebern (explizit: Porsche und Lidl) als auch zwischen der Gesamtstichprobe und den beiden Zielgruppen ausmachen. Jene Faktoren werden herangezogen, um den Unterschied zwischen der Wahrnehmung zu verdeutlichen. Das Ansehen wird als der größte Differenzierungsfaktor herangezogen.

Vergleicht man die Ergebnisse der Imagemessung mit denen der Rangreihung, so zeigen sich einige Ungereimtheiten. Ausschließlich das Arbeitsklima kann auf den ersten Blick seine Differenzierungsfunktion mit einem hohen Rang erklären. Sowohl die Unternehmenskultur und insbesondere das Ansehen werden als unwichtig bei der Stellenwahl eingestuft. Dies lässt sich nicht mit den vorherigen Ergebnissen vereinbaren. Schon hier wird ersichtlich, dass das *Ansehen* einen besonderen Stellenwert in der Wahrnehmung der Bewerber einnimmt, dessen sie sich nicht bewusst sind bzw. den sie nicht eingestehen möchten. Die außerordentliche Rolle der Reputation spiegelt sich auch in den Ergebnissen des Arbeitgebers Nestle wieder. In der ACA wird diesem ein sehr geringer Teilnutzenwert zugesprochen. Abweichend hierzu wird Nestle bei der Image- und Einstellungsmessung nur geringfügig schlechter als Porsche wahrgenommen. Einzige Ausnahme stellt die Beurteilung des Ansehens bei der Imagemessung dar, was kennzeichnend für die vorherigen Erkenntnisse ist. Die enge Verbindung zwischen Reputation und Image (s. Kap. 3.1.2) unterstützt die außerordentliche Stellung des Employer Image bei der Wahrnehmung und Entscheidungsfindung. Da die Bewerber keinen Einblick in die symbolischen Eigenschaften haben, lässt sich vermuten, dass diese im Rahmen der ACA über den jeweiligen Arbeitgeber in die Entscheidung eingeflossen sind. Ein weiteres Indiz für den hohen Stellenwert symbolischer Eigenschaften ist die Tatsache, dass die Gruppe der Studenten den symbolischen Eigenschaften höhere Ränge zuweist und ebenso eine extremere Bewertung der Arbeitgeber vornimmt. Zwar konnte die bedeutende Stellung der symbolischen Eigenschaften (Hypothese 2) durch die Ergebnisse der Rangreihung nicht unterstützt werden, die Interpretation der Resultate der Studie bzgl. der symbolischen Eigenschaften lässt jedoch anderes vermuten. Zu empfehlen wäre eine weiterführende Analyse des Einflusses der symbolischen Eigenschaften auf den Entscheidungsprozess. Besonders Interessant wäre hierbei, inwieweit das Employer Image als „information chunk“ stellvertretend für jene Eigenschaften genutzt wird.

Interessante Schlüsse können Arbeitgeber aus der Analyse des *Informationsverhaltens* der Teilnehmer schließen. Demnach dienen nicht die im direkten Kontakt mit dem Arbeitgeber gesammelten Erfahrungen als primäre Informationsquelle. Vielmehr werden Informationen aus dem Umfeld herangezogen. Ein alleiniger Fokus auf eine gute Außendarstellung eines Arbeitgebers auf Messen o.ä. Veranstaltungen wird somit für ein gutes Image nicht ausreichen. Es zeichnet sich ab, dass ein Arbeitgeber in allen Unternehmensbereichen eine homogene Innen- sowie Außendarstellung anstreben sollte. Dazu zählen zufriedene Mitarbeiter, gute Produkte, Kundenservice ebenso wie ein attraktiver Auftritt im Internet. Diese unternehmensbereichsübergreifende, einheitliche Ausrichtung ist nur durch ein strategisches Konzept wie das des Employer Branding zu bewerkstelligen.

Mit der *Persönlichkeitsanalyse* konnte eine Überprüfung der identitätsstiftenden Funktion einer Employer Brand vorgenommen werden. Es zeigt sich, dass eine ansprechende Persönlichkeit, welche dem empfundenen idealen Selbst eines Individuums entspricht, zu einer Attraktivitätssteigerung führt. Auf Individualniveau konnte die identitätsstiftende Funktion nicht vollständig unterstützt werden. Die detaillierte Analyse der Wahrnehmung der einzelnen Persönlichkeitszüge lässt jedoch vermuten, dass der Lidl-Skandal eindeutigere Ergebnisse verhindert hat. Im Rahmen der Positionierung einer Employer Brand muss sich das Unternehmen überlegen, wie man sich am Arbeitsmarkt präsentieren will. Ziel muss es sein, ein einzigartiges Employer Image hervor zu rufen, welches das Unternehmen unverwechselbar, aber gleichzeitig auch greifbar für die Zielgruppe macht. Dann ist es auch denkbar, die Employer Brand als self selection tool (s. Kap. 2.4.2.3) zu nutzen. Die Ergebnisse der Studie haben schon angedeutet, dass die Teilnehmer, abhängig von der Persönlichkeitseinschätzung der Arbeitgeber auch ihre Präferenzen bilden.

Entscheidend ist, dass ein Unternehmen ehrlich gegenüber seiner Umwelt auftritt. Dadurch wirkt das Unternehmen in seiner Funktion als Arbeitgeber zuverlässig und schafft das, für ein Arbeitsverhältnis notwendige *Vertrauen*. Seine Arbeitgeberqualitäten muss das Unternehmen an den Bewerber über die Employer Brand kommunizieren. Da die Persönlichkeit den Arbeitgeberwahlprozess beeinflusst, liegt in der Personifizierung des Arbeitgebers eine Lösung zur Emotionalisierung und Differenzierung. Denn durch die Humanisierung der Employer Brand schafft man eine Identifikationsfläche und erreicht Vertrauen und Loyalität bei der Zielgruppe. Zusätzlich gelingt eine Differenzierung von konkurrierenden Arbeitgebern.

Aus den Ergebnissen lassen sich folgende Handlungsempfehlungen anführen:

- Durch Aufbau einer starken Employer Brand muss Vertrauen zu den potentiellen Bewerbern aufgebaut werden.

- Man muss eine starke Reputation aufbauen, was mithilfe einer starken Employer Brand sowie einem starken Employer Image erreicht werden kann.
- Mittels der Employer Brand sollten wichtige symbolische Arbeitgebereigenschaften kommuniziert werden, um somit den Informationsstand zu erhöhen und die Intransparenz der Arbeitgeber zu reduzieren.

Können Arbeitgeber aus den Ergebnissen der beiden *Zielgruppen* einen besonderen Erkenntnisbeitrag gewinnen? Gerade für die Zielgruppe der Studenten scheint die Positionierung einer Employer Brand noch wichtiger zu sein. Eine Tendenz diesbezüglich lässt sich an der unterschiedlichen Wahrnehmung der Arbeitgeber Lidl und Porsche festhalten. Denn sowohl bei der Image- als auch bei der Einstellungsmessung besteht eine größere Distanz in dem Empfinden gegenüber den Unternehmen. Die Arbeitgebermerkmale werden bei Lidl konstant schlechter bewertet. Gleiches lässt sich über die Eigenschaften des Arbeitgebers festhalten. Entscheidend in dieser Situation ist die Analyse des den schlechten Eindruck auslösenden Faktors. Es wird vermutet, dass das Ansehen der entscheidende Faktor für die Einordnung eines Unternehmens als Arbeitgeber ist. Wie schon angeführt, sollten hier weiterführende Analysen einen Einblick in die Wirkungsmechanismen der Reputation eines Unternehmens geben. Da sich Studenten jedoch mehr von der subjektiven Außenwahrnehmung denn von einer rationalen Bewertung leiten lassen, ist die Implementierung des Employer Branding Konzeptes in den Unternehmenskontext umso wichtiger. Bei den Informationssuchenden ließ sich in der Tendenz keine eindeutige Abweichung zur Allgemeinheit feststellen. Zwar wurde bei der Einstellungsmessung auch eine größere Distanz beobachtet, bei der Imagemessung wurden die Arbeitgebermerkmale jedoch wesentlich rationaler und nicht auf emotionaler Basis bewertet.

5 Schlussbetrachtung und strategische Implikationen

Das Ziel dieser Studie war die Überprüfung der Notwendigkeit einer Employer Brand auf theoretischer als auch auf empirischer Ebene. Die Motivation für die Untersuchung liegt in dem drohenden Fachkräftemangel, mit dem sich Arbeitgeber konfrontiert sehen und welcher die Gewinnung neuer Mitarbeiter zu einem Problem macht. Abhilfe soll die Implementierung des Employer Branding Ansatzes, ein neuer strategischer Ansatz, welcher erst in den letzten Jahren in den Vordergrund der Betrachtung gerückt ist, in den Unternehmenskontext schaffen. Zur Betrachtung der Wirkungsweise der Employer Brand war es notwendig, den Wirkungsmechanismus des Employer Branding zu analysieren. Durch die Ableitung der Employer Brand aus der Corporate Brand konnte der Ansatz der identitätsorientierten Markenführung als theoretisches Fundament für das Employer Branding bestätigt werden. Demnach führt der Aufbau einer Employer Brand über die interne Kommunikation einer einzigartigen Identität. Jene Identität bildet sich aus der Persönlichkeit des Unternehmens, welche wiederum durch die Unternehmenskultur und -philosophie gebildet und gefestigt wird. Eine erfolgreiche externe Kommunikation der Werte eines Arbeitgebers ist erst dann möglich, wenn die Mitarbeiter diese Werte in ihrem Denken und Handeln verinnerlicht haben. Denn die Mitarbeiter übernehmen im Employer Branding Prozess die Vermittlungsfunktion zwischen Innen- und Außenwahrnehmung des Unternehmens als Arbeitgeber. Die potentiellen Bewerber nehmen die vom Unternehmen verkörperte Identität in Form des Employer Image wahr. Das Employer Image ist folglich die Außenperspektive der Employer Brand und rückt somit in den Mittelpunkt der Analyse.

Mithilfe einer umfassenden Studie wurde der Einfluss des Employer Image auf den Arbeitgeberwahlprozess untersucht. Dabei interessierten vor allem die durch die Erkenntnisse verhaltenswissenschaftlicher Ansätze und der neuen Institutionenökonomik gewonnen Annahmen über die Wirkungsweise des Employer Image. Die Ergebnisse der Studie konnten belegen, dass das

Employer Image ein entscheidender Faktor bei der Arbeitgeberwahl verkörpert und somit die Existenz eines Employer Branding Ansatzes rechtfertigt. Die durch die Selbstkonzepttheorie attestierte Identifikationsfunktion der Employer Brand konnte nur tendenziell in den Ergebnissen abgelesen werden und bedarf weiterer Forschung. Die Employer Brand in seiner Funktion als Orientierungsanker hat sich in der Analyse der Ergebnisse als vielschichtig erwiesen. So kann die aus der Informationsökonomie abgeleitete Rolle der Employer Brand als „information chunk“ für die symbolischen Arbeitgebermerkmale nur vermutet werden. Es konnte nicht eindeutig belegt werden, dass die Entscheidungsfunktion primär auf den symbolischen Arbeitgebereigenschaften beruht. Erstaunlicherweise haben sich jene Faktoren jedoch im Zuge der Imagebildung als meinungsbildend herauskristallisiert. Besonders hervorzuheben ist hier das Ansehen des Arbeitgebers, welches im Rahmen weiterer Analysen näher untersucht werden sollte. Schlussendlich kann eine positive Wirkung des Employer Image auf die Gewinnung neuer Mitarbeiter attestiert werden.

Nachdem die Notwendigkeit des Aufbaus einer Employer Brand bestätigt werden konnte, soll abschließend aufgezeigt werden, welche unternehmensinternen Maßnahmen notwendig sind, um die Strategie des Employer Branding im Unternehmenskontext zu integrieren. Für eine ganzheitliche strategische Ausrichtung des Unternehmens ist es entscheidend, die Employer Brand konsistent zu der Gesamtheit aller Markenmaßnahmen aufzubauen (Gmür 2002, S. 16). Zudem zeigt der Ansatz der identitätsorientierten Markenführung, dass das Employer Branding einen multidisziplinären Ansatz erfordert, bei dem das Human Resource Management eine entscheidende Rolle einnimmt (King 1991, S. 9 f.). Für das Unternehmen wird eine neue Herausforderung in der Führung des HR-Managements im Hinblick auf eine marketingorientierte Perspektive sein. Die Personalabteilung eines Unternehmens muss aus ihrer Wahrnehmung als „internally-oriented advocate for bureaucracy“ (Aurand et Al. 2005, S. 167) heraustreten und mehr Initiative und Verantwortung übernehmen. Marketing- und Personalabteilung arbeiten jedoch meistens strikt voneinander getrennt, so dass kaum Abstimmungsmaßnahmen existieren. Fälschlicherweise begründen Unternehmen dieses Vorgehen in unterschiedlichen theoretischen Hintergründen sowie Kommunikationsmaßnahmen beider Themengebiete. Erkenntnisse aus Theorie und Praxis widerlegen diese Annahmen wirkungsvoll (Burmann und Zeplin 2005, S. 124; King 1991, S. 8 f.). Employer Branding baut eine Brücke zwischen HR-Management, interner Kommunikation und Marketing (Burmann und Zeplin 2005, S. 124).

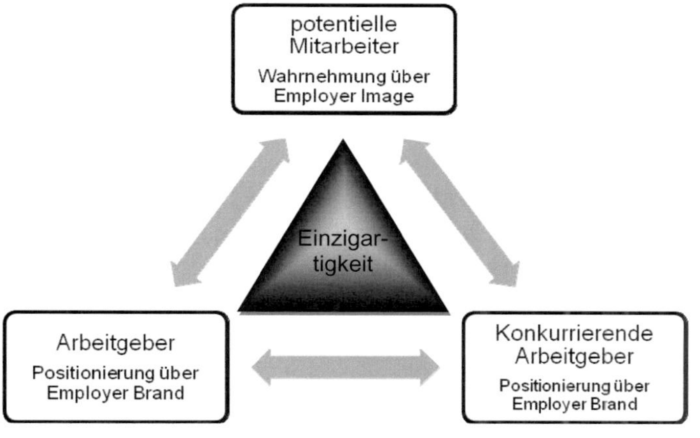

Abb. 5.1: Das Strategische Dreieck im Personalmarketing

(Quelle: Eigene Darstellung in Anlehnung an Simon et Al. 1995, S. 16)

Verdeutlichen lässt sich dies durch einen Blick auf das strategische Dreieck im Personalmarketing (s. Abb. 5.1). In den Personalbereich fällt primär das Management des zukünftigen Humankapitals des Unternehmens. Um jenes sicherzustellen, muss man sich am Arbeitsmarkt entsprechend positionieren. Dies erfordert eine Vernetzung mit dem Marketingbereich, denn Attraktivität gewinnt ein Unternehmen vor allem durch Aufbau einer Employer Brand. Um jedoch auch den Status eines „Employer of Choice“ zu erlangen, muss zusätzlich eine Berücksichtigung des Wettbewerbsumfeldes erfolgen. Durch eine einheitliche interne Kommunikation der Werte und Philosophie des Arbeitgebers kann er seine Einzigartigkeit an die Oberfläche bringen und einen entscheidenden Wettbewerbsvorteil gegenüber der Konkurrenz erzielen.

Aufgabe des Topmanagements ist es nun, die Unternehmenswerte und die Unternehmensphilosophie festzulegen, so dass alle Maßnahmen darauf ausgerichtet werden können. Sie übernehmen ebenfalls die Aufgabenverteilung zwischen Marketing und Personalbereich (Kernstock et Al. 2004, S. 47, King 1991, S. 10).

Um die Effizienz einer Employer Brand zu bestimmen, müsste im finalen Schritt eine Maßzahl implementiert werden. Sie gibt dem Unternehmen dann Aufschluss über den Wert der Employer Brand. Durch Operationalisierung der Employer Brand besteht die Möglichkeit, diese zu dokumentieren, Änderungen zu registrieren und eine ständige Anpassung an die Bedürfnisse der Zielgruppe vorzunehmen (Ewing et Al. 2002, S. 15).

Die Gewinnung und Bindung qualifizierter Arbeitskräfte bedeutet einen nachhaltigen Wettbewerbsvorteil für Unternehmen. Somit sollte der Fokus der Unternehmen auf das Humankapital und dessen Sicherstellung gerichtet sein. Die Lösung dieses Problems lässt sich in einem Ausdruck zusammenfassen – Employer Branding.

Literaturverzeichnis

Aaker, David A. (1996): Building strong brands, New York: The Free Press.

Aaker, Jennifer L. (1997): Dimensions of Brand Personality, in: Journal of Marketing Research, Vol. 34 No. 2, pp. 347-356.

Aaker, Jennifer L. (2005): Dimensionen der Markenpersönlichkeit, in: Esch, Franz Rudolf (Hrsg.): Moderne Markenführung: Grundlagen, innovative Ansätze, praktische Umsetzungen, 4.vollst. überarb. und erw. Aufl., Wiesbaden: Gabler, S. 165-176.

Aaker, Jennifer L.; Benet-Martinéz, Veronica; Garolera, Jordi (2001): Consumption Symbols as Carriers of Culture: A Study of Japanese and Spanish Brand Personality Constructs, Journal of Personality and Social Psychology, Vol. 81 (3), pp. 92-508.

Abratt, Russell (1989): A new approach to the corporate image management process, in: Journal of Marketing Management, Vol. 5, No. 1, pp. 63-76.

Achterholt, Gertrud (1991): Corporate Identity: in zehn Arbeitsschritten die eigene Identität finden und umsetzen, 2. überarb. Aufl., Wiesbaden: Gabler.

Achterholt, Gertrud (1988): Corporate Identity: in zehn Arbeitsschritten die eigene Identität finden und umsetzen, Wiesbaden: Gabler.

Adler, Jost (1996): Informationsökonomische Fundierung von Austauschprozessen: eine nachfragerorientierte Analyse, Wiesbaden: Gabler.

Aiman-Smith, Lynda; Bauer, Talya N.; Cable, Daniel M. (2001): Are you attracted? Do you intend to pursue? A recruiting policy-capturing study, in: Journal of Business and Psychology, Vol. 16 No. 2 (winter), pp. 219-237.

Ambler, T.; Barrow, S. (1996): The employer brand, in: Journal of Brand Management, Vol. 4, pp. 185-206.

Anger, Christina (2007): Deutschlands Ausstattung mit Humankapital: Ergebnisse des IW-Humankapitalindikators, in: IW-Trends: Vierteljahresschrift zur empirischen Wirtschaftsforschung, Institut der dt. Wirtschaft Köln, 34. Jg., Heft 3.

Aumüller, J. (1994): Dienstleistungsperspektive, in: Markenartikel, 56. Jg., Nr. 10, S. 494-496.

Aurand, Timothy W.; Bishop, Terrence R.; Gorchels, Linda (2005): Human resource management's role in internal branding: an opportunity for cross-functional brand message synergy, Journal of Product & Brand Management, Vol. 14 (3), pp. 163-169.

Backhaus, Klaus; Erichson, Bernd; Plinke, Wulff; Weiber, Rolf (2000): Multivariate Analysemethoden: eine anwendungsorientierte Einführung, 9. überarb. u. erw. Aufl., Berlin: Springer Verlag.

Backhaus, Kristin; Tikoo Surinder (2004): Conceptualizing and researching employer branding, in: Career Development International, Vol. 9 No. 5, pp. 501-517.

Balmer, John M. T.; Gray, Edmund R. (2005): Corporate Brands: what are they? What of them?, in: European Journal of Marketing, Vol. 37 No.7/8, pp. 972-997.

Bänsch, Axel (1998): Käuferverhalten, 8. Aufl., München: Oldenbourg.

Barrow, Simon; Mosley, Richard (2005): The Employer Brand: Bringing the Best of Brand Management to People at Work, John Wiley & Sons Ltd., England.

Batz, Manfred (1996): Erfolgreiches Personalmarketing: Personalverantwortung aus marktorientierter Sicht, Heidelberg: Sauer.

Bauer, R. A. (1967): Consumer behavior as risk taking, in: Cox, D. F. (Hrsg.): Risk Taking and Information Handling in Consumer Behavior, Boston, pp. 23-33.

Bazil, Vazrik (2001): Reputation Management: Die Werte aufrecht erhalten, in: Bentele. G.; Piwinger, M.; Schönborn, G. (Hrsg.): Handbuch Kommunikationsmanagement: Strategien, Wissen, Lösungen, Neuwied: Luchterhand, S. 1-22.

Behling, O., Labovitz, G.; Gainer, M. (1968): College Recruiting: A theoretical Base, in: Personnel Journal, Vol. 47, pp. 13-19.

Bentele, Günter (2005): Markenwert und Markenwertermittlung: eine systematische Modelluntersuchung und –bewertung, 2. Auflage, Wiesbaden Gabler.

Bergler, Reinhold (1963): Psychologie des Marken- und Firmenbildes, Göttingen: Vandenhoeck & Ruprecht.

Bergler, Reinhold (1982): Psychologie in Wirtschaft und Gesellschaft: Defizite, Diagnosen, Orientierungshilfen, Köln: Deutscher Instituts-Verlag.

Bergstrom, Alan; Blumenthal, Dannielle, Crothers, Scott (2002): Why Internal Branding Matters: The Case of Saab, in: Corporate Reputation Review, Vol. 5 No. 2/3, pp. 133-142.

Berthon, Pierre; Ewing, Michael; Hah, Li Lian (2005): Captivating company: dimensions of attractiveness in employer branding, in: International Journal of Advertising, Vol. 24 (2), pp. 151-172.

Bhat, S., Reddy, S. (1998): Symbolic and functional positioning of brands, in: Journal of Consumer Marketing, Vol. 15 No. 1, pp. 32-44.

Biel, Alexander L. (2001): Grundlagen zum Markenwertaufbau, in: Esch, Franz-Rudolf (Hrsg.): Moderne Markenführung, 3. Auflage, Wiesbaden: Gabler, S. 61-90.

Bierwirth, Andreas (2003): Die Führung der Unternehmensmarke: Ein Ansatz zum zielgruppenorientierten Corporate Branding, Schriften zu Marketing und Management 45, Frankfurt am Main: Lang.

Birkigt, Klaus; Stadler, Marinus M.; Funck, Hans Joachim (1998): Corporate Identity: Grundlagen, Funktionen, Fallbeispiele, 9., völlig überarb. Aufl, Landsberg/Lech: Verl. Moderne Industrie.

Birkigt, Klaus; Stadler, Marinus M.; Funk, Hans Joachim (1995): Corporate Identity: Grundlagen, Funktionen, Fallbeispiele, 8. Aufl., Landsberg/Lech: Verl. Moderne Industrie.

Bleis, Thomas (1992): Personalmarketing: Darstellung und Bewertung eines kontroversen Konzeptes; Schriftenreihe Organisation & Personal 3, München: Hampp.

Boone, M. (2000): The importance of internal branding, in: Sales and Marketing Management, Vol. 9 September, pp. 36-8.

Boorstin, Daniel J. (1961): The image or what happened to the American dream, New York: Weidenfeld & Nicolson.

Brinkmann, Hans (1996): Ganzheitliche Unternehmensführung und Offensives Personalmanagement: eine Synthese von Theorie und Praxis, Münster: Waxmann.

Brown, Andy; Duncan, Alison; Harris, Nathalie; Kelly, Steve (2003): Strategic talent retention, in: Strategic HR Review, Vol. 2, Issue 4, pp. 22-28.

Bruhn, Manfred (2003): Kommunikationspolitik: systematischer Einsatz der Kommunikation für Unternehmen, 2., völlig überarb. Aufl., München: Vahlen.

Bruner, Gordon C.; Hensel, Paul J. (1994): Marketing scales handbook: A compilation of multi-item measures, Vol. 1, Chicago: American Marketing Association.

Burmann, Christoph; Blinda, Lars; Nitschke, Axel (2003): Konzeptionelle Grundlagen des identitätsbasierten Markenmanagements, Lehrstuhl für innovatives Markenmanagement (LiM), Arbeitspapier Nr.1, Bremen.

Burmann, Christoph; Meffert, Heribert; Koers, Martin (2002): Stellenwert und Gegenstand des Markenmanagements, in: Meffert, Heribert; Burmann, Christoph; Koers, Martin (Hrsg.): Markenmanagement: Identitätsorientierte Markenführung und praktische Umsetzung, 2., vollst. überarb. und erw. Auflage, Wiesbaden: Gabler, S. 3-16.

Burmann, Christoph, Meffert, Heribert (2007): Theoretisches Grundkonzept der identitätsorientierten Markenführung, in: Florack, Arnd (Hrsg.): Psychologie der Markenführung, München: Vahlen, S. 38-72.

Burmann, Christoph; Meffert, Heribert; Feddersen, Christian (2007): Identitätsbasierte Markenführung, in: Florack, Arnd (Hrsg.): Psychologie der Markenführung, München: Vahlen, S. 3-27.

Burmann, Christoph; Zeplin, Sabrina (2005): Innengerichtetes identitätsbasiertes Markenmanagement, in: Meffert, Heribert; Burmann, Christoph; Koers, Martin (Hrsg.): Markenmanagement: identitätsorientierte Markenführung und praktische Umsetzung, 2. Auflage, Wiesbaden: Gabler, S. 116-139.

Burns, Robert B. (1979): The self concept in theory, measurement, development and behavior, 1. publ., London: Longman.

Buß, Eugen; Fink-Heuberger, Ulrike (2000): Image-Management: Wie Sie Ihr Image-Kapital erhöhen, Frankfurt am Main: FAZ-Inst. für Management-, Markt- und Medieninformationen.

Coase, R. H. (1960): The problem of social costs, in: Journal of Law and Economics, Vol.3 October, pp. 1-44.

Conzen, Peter (1990): Erik H. Erikson und die Psychoanalyse: systematische Gesamtdarstellung seiner theoretischen und klinischen Positionen, Heidelberg: Asanger.

Daiber, Joachim; Hemsing, Werner (2005): Online Conjoint: Eine bewährte Methode im neuen Gewand; in: Planung & Analyse, Heft 1, S. 47-52.

Darby, M., Karni, E. (1973): Free Competition and the Optimal Amount of Fraud, in: Journal of Law and Economics, Vol. 16, pp. 67-88.

de Chernatony, Leslie (2001): From Brand Vision to Brand Evaluation: Strategically Building and Sustaining Brands, Butterworth Heinemann.

de Chernatony, Leslie; Harris, Fiona (2000): Developing corporate brands through considering internal and external stakeholders, in: Corporate Reputation Review, Vol. 3, No. 3, pp. 268-274.

de Chernatony, Leslie; McDonald, Malcolm (1998): Creating powerful brands in consumer, service and industrial markets, 2. ed., Oxford: Butterworth-Heinemann.

de Chernatony, Leslie; Riley, F.D.O.; Harris, Fiona (1998): Criteria to Assess Brand Success, in: Journal of Marketing Management, Vol. 14 (7), pp. 65-781.

Demuth, Alexander (1994): Erfolgsfaktor Image – So nutzen Sie den Imagevorteil für Ihr Unternehmen, Düsseldorf: ECON Verlag.

Diller, Hermann (1992): Vahlens großes Marketinglexikon, München: Vahlen.

Diller, Hermann (1995): Beziehungsmanagement, in: Tietz, B.; Köhler, R.; Zentes, J. (Hrsg.): Handwörterbuch des Marketing, 2. Aufl., Stuttgart, Sp. 265-300.

Döhle, Patricia; Werres, Thomas (2008): Olympiade der Konzerne, Artikel zu: Imageprofile 2008, manager magazin, http://www.manager-magazin.de/unternehmen/imageprofile (Stand:05.06.2008).

Domizlaff, H. (1994): Grundgesetze der natürlichen Markenbildung, in: Bruhn, M. (Hrsg.): Handbuch Markenartikel, Bd. 2, Stuttgart, S. 689-724.

Donath, B. (2001): Branding works for internal audience, too, in: Marketing News, 7, pp. 7-8.

Dörtelmann, Thomas (1997): Marke und Markenführung: eine institutionstheoretische Analyse, Bochum.

Duller, Christine (2007): Einführung in die Statistik mit EXCEL und SPSS: Ein anwendungsorientiertes Lehr- und Arbeitsbuch, 2.Aufl., Heidelberg: Physica-Verlag.

Dutton, Jane E.; Dukerich, Janet M.; Harquail, Celia V. (1994): Organizational Images and Member Identification, in: Administrative Science Quarterly, Vol. 39 Issue 2, pp. 239-263.

Epstein, S. (1993): Entwurf einer integrativen Persönlichkeitstheorie: in: Filipp, H.S. (Hrsg.): Selbstkonzept-Forschung: Probleme, Befunde, Perspektiven, Stuttgart: Klett-Cotta, S. 15-43.

Erikson, Erik H. (1973): Identität und Lebenszyklus: 3 Aufsätze, 1. Aufl., Frankfurt a.M.: Suhrkamp.

Ernst, M. (1990): Neue Informations- und Kommunikationstechnologien und marktwirtschaftliche Allokation: eine informations- und transaktionskostentheoretische Analyse, München.

Esch, Franz-Rudolf (2003): Strategie und Technik der Markenführung, München: Vahlen.

Esch, Franz-Rudolf (2004): Strategie und Technik der Markenführung, München: Vahlen.

Esch, Franz-Rudolf (2006): Leben die Mitarbeiter ihre Marke?, Artikel der FAZ, erschienen 09.01.2006, Nr. 7.

Esch, Franz-Rudolf; Kiss, Greg; Roth, Simone (2004): Identität einer Corporate Brand erfassen und entwickeln, in: Esch, Franz-Rudolf; Tomzcak, Torsten; Kernstock, Joachim; Langner Tobias (Hrsg.): Corporate Brand Management: Marken als Anker strategischer Führung von Unternehmen, Wiesbaden: Gabler, S. 54-74.

Essig, Carola; Soulas de Russel, Dominique; Semanakova, Marcela (2003): Das Image von Produkten, Marken und Unternehmen, Sternenfels Verlag Wissenschaft & Praxis.

Ewing, Michael T.; Pitt, Leyland F.; de Bussy, Nigel M.; Berthon, Pierre (2002): Employment branding in the knowledge economy, in: International Journal of Advertising, Vol. 21, pp. 3-22.

Feuerstein, Thomas (2008): Entwicklung des Durchschnittsalters von Studierenden und Absolventen an deutschen Hochschulen seit 2000, Statistische Bundesamt, Wirtschaft und Statistik, Wiesbaden.

Fischer, Jürgen (2001): Individualisierte Präferenzanalyse: Entwicklung und empirische Prüfung einer vollkommen individualisierten Conjoint-Analyse, Schriftenreihe Unternehmensführung und Marketing, 40, Wiesbaden: Gabler.

Fishbein, Martin (1967): Readings in attitude theory and measurement, New York: Wiley.

Fishbein, Martin; Ayzen, Icek (1972): Attitudes and Opinions, in: Annual Review of Psychology, Vol. 23, pp. 487-544.

Fombrun, Charles J. (1996): Reputation: realizing value from the corporate image, Boston: Harvard Business School Press.

Fombrun, Charles J.; Shanley, M. (1990): What's in a Name? Reputation Building and Corporate Strategy, in: Academy of Management Journal, Vol. 22, No. 2, pp. 233-258.

Fombrun, Charles; Wiedmann, Klaus-Peter (2001): Unternehmensreputation und der „Reputation Quotient“ (RQ), in: PR-Magazin 12/2001, S. 45-52.

Fopp, Leonard (1975): Die Bedeutung des Branchen-Images für Stellenwahl und Stellenwechsel, Frankfurt/Main: Peter Lang.

Fournier, Susan M. (2001): Markenbeziehungen: Konsumenten und ihre Marken, in: Esch, Franz-Rudolf (Hrsg.): Moderne Markenführung, 3. Aufl., S. 135-163.

Freeman, R.E. (1984): Strategic Management: A Stakeholder Approach, 1. publ., Boston: Pitman.

Freimuth, Joachim (1989): Personalimage: Das Erscheinungsbild als Arbeitgeber, in: Personal, 41. Jg., Nr. 2, S. 42-47.

Frey, Hans-Peter; Haußer, Karl (Hrsg.) (1987): Identität: Entwicklungen psychologischer und soziologischer Forschung, Stuttgart: Enke.

Gardner, B.; Levy, S. (1955): The Product and the Brand, in: Harvard Business Review, March-April, pp. 33-35.

Gatewood, Robert D.; Gowan, Mary A.; Lautenschlager, Gary J. (1993): Corporate image, recruitment image, and initial job choice decisions, in: Academy of Management Journal, Vol. 36 No. 2 (april), pp. 414-427.

Gemünden, Hans Georg (1985): Wahrgenommenes Risiko und Informationsnachfrage, in: Marketing: Zeitschrift für Forschung und Praxis, Heft 7, S. 27-38.

George, William R. (1990): Internal Marketing and Organizational Behavior: A Partnership in Developing Customer-Conscious Employees at Every Level, in: Journal of Business Research, Vol. 20, pp. 63-70.

Gloger, Axel (2001): Auf der Jagd nach Spitzenkräften: die besten Mitarbeiter gewinnen, begeistern und behalten, Frankfurt: Ueberreuter.

Gmür, M.; Martin, P.; Karczinski, D. (2002): Employer Branding; Schlüsselfunktion im strategischen Personalmarketing, in: Personal, Heft 10, S. 12-16.

Gotsi, M.; Wilson, A. M. (2001): Corporate reputation: Seeking a definition, in: Corporate Communications, Vol. 6, No. 1, pp. 24-30.

Green, Paul E.; Tull, Donald S.; Albaum, Gerald (1988): Research for Marketing Decisions, Englewood Cliffs, 5. ed., NJ: Prentice Hall.

Gregory, James R.; Wiechmann, Jack G. (1997): Leveraging the corporate brand, Lincolnwood, Ill.: NTC Business Books.

Gronroos, Christian (1990): Relationship Approach to Marketing in Service Contexts: The Marketing and Organizational Behaviour Interface, in: Journal of Business Research, Vol. 20, pp. 3-11.

Gutenberg, Erich (1984): Grundlagen der Betriebswirtschaftslehre, Berlin: Springer.

Harding, S. (2003): Employer Branding, ISR – International Survey Research, http://www.isrsurveys.com/en/pdf/insight/employerbranding.pdf, (Stand 07.08.08), S. 1-4.

Hatch, Mary Jo; Schultz, Majken (1997): Relations between organisational culture, identity and image, in: European Journal of Marketing, Vol. 31 No. 5-6, pp. 356-365.

Heath, A. and Scott, D. (1998): The Self-Concept and Image Congruence Hypothesis: An Empirical Evaluation in the Motor Vehicle Market, in: European Journal of Marketing, Vol. 32, Issue 11/12, pp. 1110-1123.

Hebben, Miriam (2008): Lidl-Image nach Spionagevorwürfen im Keller, horizont.net, http://www.horizont.net/aktuell/marketing/pages/protected/Lidl-Image-nach-Spionagevorwuerfen-im-Keller_75433.html (Stand: 07.29.2008).

Heinrich, Imke (2004): Markenführung als strategischer Erfolgsfaktor, Stuttgart: ibidem-Verlag.

Heitger, Bernhard; Schrader, Klaus; Stehn, Jürgen (1999): Handel, Technologie und Beschäftigung, Kieler Studien, Nr. 298, Tübingen.

Henseler, Reinhold (1977): Image und Imagepolitik im Facheinzelhandel, Frankfurt am Main.

Henzler, A. (1975): Personal-Image, in Gaugler E. (Hrsg.), Handwörterbuch des Personalwesens, Stuttgart: Poeschel, Sp. 1564-1571.

Herbst, Dieter (1998): Corporate Identity: Aufbau einer unverwechselbaren Unternehmensidentität, Leitbild und Unternehmenskultur, Berlin: Cornelsen.

Herrmann, Andreas; Schmidt-Gallas, Dirk; Huber, Frank (2003): Adaptive Conjoint Analysis: understanding the Methodology and Assessing Reliability and Validity, in: Gustafsson, Anders, Herrmann, Andreas; Huber, Frank (Hrsg.): Conjoint Measurement: Methods and Applications, 3. ed., pp. 305-329.

Hieronimus, Fabian (2004): Persönlichkeitsorientiertes Markenmanagement – Eine empirische Untersuchung zur Messung, Wahrnehmung und Wirkung der Markenpersönlichkeit, Schriften zu Marketing und Management 47, Frankfurt a.M.: Lang.

Highhouse, Scott; Lievens, Filip (2003): The relation of instrumental and symbolic attributes to a company's attractiveness as an employer, in: Personnel Psychology, Vol. 56, pp. 57-102.

Hinde, R.A. (1995): A suggested structure for a science of relationships, in: Personal Relationships, Vol. 2 (1), pp. 1-15.

Hinterhuber, Hans H.; Winter, Lothar G. (1991): Unternehmenskultur und Corporate Identity, in: Dülfer, Eberhard (Hrsg.): Organisationskultur, 2., erw. Aufl., Stuttgart: Poeschel, S. 189-200.

Hinzdorf, Tom; Priemuth, Katrin; Erlenkämper, Stephan (2003): Präferenzmatching zur Steuerung des Employer Branding, in: Personal, Heft 8, S. 16-18.

Hirshleifer, J.; Riley, J. G. (1979): The Analytics of Uncertainty and Information: An Expository Survey, in: Journal of Economic Literature, Vol. 17, pp. 1375-1421.

Hogg, Margaret K.; Cox, Alastair J.; Keeling, Kathy (2000): The impact of self-monitoring on image congruence and product/brand evaluation, in: European Journal of Marketing, Vol. 34, 5/6, pp. 641-667.

Hubbard, Monika (2004): Markenführung von innen nach außen – zur Rolle der internen Kommunikation als Werttreiber für Marken, 1. Aufl., Wiesbaden.

Huber, F.; Herrmann, A.; Weiss, M. (2001): Markenloyalität durch Markenpersönlichkeit, in: Marketing ZFP, 23. Jg., Nr. I, S. 5-15.

Hunt, Susan; Landry, Rob (o. J.): The importance of employer branding, Chapter 7, in: The Future of Work: Total Rewards Strategies and Canada's Aging Workforce, Sun Life Financial, Ontario, http://www.sunlife.ca/static/canada/Customer%20Solutions/thefutureofwork/pdf/thefutureofwork.pdf (Stand: 08.04.2008).

Jacoby, J; Szybillo, G.J.; Busato-Schach, J (1977): Information acquisition behavior in brand value, in: Journal of Consumer Research, Vol. 3, pp. 209-216.

Janssen, Jürgen; Laatz, Wilfried (2003): Statistische Datenanalyse mit SPSS für Windows: eine anwendungsorientierte Einführung in das Basissystem und das Modul exakte Tests, 4., neubearb. und erw. Aufl., Berlin: Springer.

Johannsen, Uwe (1971): Das Marken- und Firmen-Image, Betriebswirtschaftliche Schriften Heft 46, Berlin: Duncker & Humblot.

Johnson, R.M. (1987): Adaptive Conjoint Analysis, Proceedings of the Sawtooth Software Conference on Perceptual Mapping, Conjoint Analysis and Computer Interviewing, Sawtooth Software, pp. 253-265, http://www.sawtoothsoftware.com/download/techpap/1987Proceedings.pdf (Stand: 08.07.2008).

Johnson, Richard M.; Olberts, Kathleen A. (1996): Using Conjoint Analysis in Pricing Studies: Is One Price Variable Enough, Sawtooth Software, http://www.sawtoothsoftware.com/download/techpap/onevar.pdf (Stand: 08.07.2008).

Kaas, Klaus-Peter (1990): Marketing als Bewältigung von Informations- und Unsicherheitsproblemen im Markt, in: DBW, 50/4, S. 539-548.

Kaas, Klaus Peter (1991): Marktinformationen: Screening und Signaling unter Partnern und Rivalen, Zeitschrift für Betriebswirtschaftslehre, 61 (3), S. 357-370.

Kaas, Klaus Peter (1992): Kontraktgütermarketing als Kooperation zwischen Prinzipalen und Agenten, in: ZfbF, 44 (10), S. 884-901.

Kapferer, Jean-Noel (1992): Die Marke - Kapital des Unternehmens, Landsberg/Lech: Verl. Moderne Industrie.

Katz, Reinhard (1983): Informationsquellen der Konsumenten: eine Analyse der Divergenzen zwischen der Beurteilung und Nutzung, Wiesbaden: Gabler.

Keller, Kevin Lane (1993): Conzeptualizing, measuring and managing customer-based brand equity, in: Journal of Marketing, Vol. 57, pp. 1-22.

Kernstock, Joachim; Esch, Franz-Rudolf; Tomzcak, Torsten, Langner Tobias (2004): Zugang zum Corporate Brand Management, in: Esch, Franz-Rudolf; Tomzcak, Torsten; Kernstock, Joachim; Langner Tobias (Hrsg.): Corporate Brand Management: Marken als Anker strategischer Führung von Unternehmen, Wiesbaden: Gabler, S. 2-52.

Kernstock, Joachim; Brexendorf, Tim Oliver (2004): Corporate Brand Managment gegenüber Mitarbeitern gestalten, in: Esch, Franz-Rudolf; Tomzcak, Torsten; Kernstock, Joachim; Langner Tobias (Hrsg.): Corporate Brand Management: Marken als Anker strategischer Führung von Unternehmen, Wiesbaden: Gabler, S. 252-271.

King, Stephen (1991): Brand building in the 1990s, in: Journal of Marketing Management, Vol. 7, pp. 3-13.

Kirsch, Werner (1970): Entscheidungsprozesse, Band 1, Verhaltenswissenschaftliche Ansätze der Entscheidungstheorie, Wiesbaden: Gabler.

Koers, Martin (2001): Steuerung von Markenportfolios: ein Beitrag zum Mehrmarkencontrolling am Beispiel der Automobilwirtschaft, Schriften zu Marketing und Management 39, Frankfurt am Main: Lang.

Kölling, Arnd; Möller, Iris (2002): Betriebliche Determinanten innovativer „work practices" und ihre Auswirkungen auf die Beschäftigungsstruktur, in: Bellmann, Lutz; Kölling, Arnd (Hrsg.): Betrieblicher Wandel und Fachkräftebedarf, Beiträge zur Arbeitsmarkt und Berufsforschung, Nr. 257, Nürnberg, S. 173-193.

Koppel, Oliver (2008): Nicht besetzbare Stellen für beruflich Hochqualifizierte in Deutschland: Ausmaß und Wertschöpfungsverluste, in: IW-Trends: Vierteljahresschrift zur empirischen Wirtschaftsforschung, Institut der dt. Wirtschaft Köln, 35. Jg., Heft 1.

Koppelmann, Udo (1994): Funktionsorientierte Erklärungsansatz der Markenpolitik, in: Bruhn, Manfred (Hrsg.): Handbuch Markenartikel, Stuttgart, S. 219-238.

Koppelmann, Udo (2001): Produktmarketing: Entscheidungsgrundlagen für Produktmanager, 6., überarb. und erw. Aufl., Berlin: Springer.

Kotler, Philip; Bliemel, Friedhelm (2001): Marketing-Management: Analyse, Planung und Verwirklichung, 10. überarb. und akt. Aufl., Stuttgart: Schäffer-Poeschel.

Kranz, Marcel (2004): Die Relevanz der Unternehmensmarke: ein Beitrag zum Markenmanagement bei unterschiedlichen Stakeholderinteressen, Schriften zu Marketing und Management 48, Frankfurt am Main: Lang.

Krech, David; Crutchfield, Richard S.; Ballachey, Egerton L. (1962): Individual in society: a textbook of social psychology, New York: McGraw-Hill.

Kroeber-Riehl, Werner; Weinberg, Peter (1996): Konsumentenverhalten, 6., völlig überarb. Aufl., München: Vahlen.

Kroeber-Riel, Werner; Weinberg, Peter (1999): Konsumentenverhalten, 7., verb. und erg. Aufl., München: Vahlen.

Kroeber-Riel, Werner; Weinberg, Peter (2003): Konsumentenverhalten, 8., aktualisierte und erg. Aufl., München: Vahlen.

Kroehl, Heinz (2000): Corporate Identity als Erfolgskonzept im 21. Jahrhundert, München: Vahlen.

Lancaster, Kelvin (1971): Consumer demand: a new approach, New York: Columbia Univ. Press.

Lange, Elmar (1975): Berufswahl als Entscheidungsprozess, in: Lange, Elmar; Büschges, Günter (Hrsg.): Aspekte der Berufswahl in der modernen Gesellschaft, Frankfurt, S. 101-127.

Leven, W. (2004): Was ist eine Marke?, in: Boltz, D.-M.; Leven, W. (Hrsg.): Effizienz in der Markenführung, Hamburg: Gruner & Jahr, S. 12-31.

Levy, S. (1959): Symbols for Sale, in: Harvard Business Review, Vol. 37, pp. 117-124.

Lewandowski, Anna; Liebig, Christian (2004): Determinanten der Arbeitgeberwahl und Relevanz des Personalimages für die Bewerbungsabsicht, Mannheimer Beiträge zur Wirtschafts- und Organisationspsychologie 19 (1), S. 15-28.

Lieber, Bernd (1995): Personalimage: Explorative Studien zum Image und zur Attraktivität von Unternehmen als Arbeitgeber, München und Mering: Hampp.

Luce, R.D.; Tukey, J.W. (1964): Simultaneous conjoint measurement: A new type of fundamental measurement, in: Journal of Mathematical Psychology, 1, pp. 1-27.

Meffert, Heribert (1996): Marketing, Wiesbaden: Gabler.

Meffert, Heribert (1998): Marketing: Grundlagen marktorientierter Unternehmensführung: Konzepte - Instrumente - Praxisbeispiele, 8., vollst. neubearb. und erw. Aufl., Wiesbaden: Gabler.

Meffert, Heribert (2000): Marketing: Grundlagen marktorientierter Unternehmensführung: Konzepte - Instrumente – Praxisbeispiele, 9., überarb. und erw. Aufl., Wiesbaden: Gabler.

Meffert, Heribert (2002): Markenmanagement: Grundfragen der identitätsorientierten Markenführung: mit Best-Practice-Fallstudien, 1. Aufl., Wiesbaden: Gabler.

Meffert, Heribert; Bierwirth, Andreas (2001): Stellenwert und Funktionen der Unternehmensmarke: Erklärungsansätze und Implikationen für das Corporate Branding, in: Thexis, 18. Jg., Nr. 4, S. 5-11.

Meffert, Heribert; Bierwirth, Andreas (2005): Corporate Branding: Führung der Unternehmensmarke im Spannungsfeld unterschiedlicher Zielgruppen, in: Meffert, Heribert; Burmann, Christoph; Koers, Martin (Hrsg.): Markenmanagement: identitätsorientierte Markenführung und praktische Umsetzung, mit Best-Practice-Fallstudien, 2. Auflage, Wiesbaden: Gabler, S. 143-162.

Meffert, Heribert; Burmann, Christoph (1996): Identitätsorientierte Markenführung: Grundlagen für das Markenmanagement von Markenportfolios, in: Meffert, Heribert; Wagner, H.; Backhaus K. (Hrsg.): Wissenschaftliche Gesellschaft für Marketing und Unternehmensführung e.V., 100. Arbeitspapier.

Meffert, Heribert; Burmann, Christoph (2002): Wandel in der Markenführung: vom instrumentellen zum identitätsorientierten Markenverständnis, in: Meffert, Heribert; Burmann, Christoph; Koers, Martin: Markenmanagement: Identitätsorientierte Markenführung und praktische Umsetzung, 2. Aufl., Wiesbaden: Gabler, S. 19-35.

Meffert, Heribert; Burmann, Christoph; Koers, Martin (2002): Stellenwert und Gegenstand des Markenmanagement, in: Meffert, Heribert; Burmann, Christoph; Koers, Martin (Hrsg.): Markenmanagement: Grundfragen der identitätsorientierten Markenführung, Wiesbaden: Gabler, S. 3-17.

Melewar, T. C. (2003): Determinants of the corporate identity construct: a review of the literature, in: Journal of Marketing Communications, Vol. 9, pp. 195-220.

Melewar, T C; Jenkins, Elizabeth (2002): Defining the Corporate Identity Construct, in: Corporate Reputation Review, Vol. 5, Number 1, pp. 76-90.

Melewar, T. C.; Karaosmanoglu, Elif; Paterson, Douglas (2005): Corporate identity: concept, components and contribution, in: Journal of General Management, Vol. 31, No.1 Autumn, pp. 59-81.

Möhlenbruch, Dirk; Claus, Brughard; Schmieder, Ulf-Marten (2000): Corporate identity, corporate image und integrierte Kommunikation als Problembereiche des Marketing, Halle (Saale): Univ., Wirtschaftswiss. Fak..

Moser, Hans (1963): Wilhelm Vershofers Beitrag zu einer Theorie des Verbraucherverhaltens, Berlin: Duncker & Humblot.

Mosley, Richard W. (2007): Customer Experience, organisational culture and the employer brand, in: Journal of Brand Management, Vol. 15 (october), pp. 123-134.

Müller-Hagedorn, Lothar (1992): Einstellung, in: Diller, Hermann (Hrsg.): Vahlens Großes Marketing Lexikon, München, S. 251-254.

Müskens, Wolfgang (2001): Sedimente der Selbstbeschreibung: der lexikalische Ansatz der Persönlichkeitsforschung, VWF Berlin.

Nelson, P. (1970): Information and Consumer Behavior, in: The Journal of Political Economy, Vol. 78, pp. 311-329.

Nieschlag, Robert ; Dichtl, Erwin ; Hörschgen, Hans (2002): Marketing, 9., überarb. und erg. Aufl., Berlin: Duncker & Humblot.

Norman, W. T. (1963). Toward an adequate taxonomy of personality attributes: Replicated factor structure in peer nomination personality ratings, in: Journal of Abnormal and Social Psychology, Vol. 66, pp. 574-583.

o.V. (2006a): Employer Branding 2006: Summary, Kooperationsprojekt von TNS, Infratest, e-fellows.net, DIE ZEIT und des Lehrstuhls Marketingmanagement der HHL-Leipzig Graduate School of Management, http://apollo.zeit.de/chaka/pdf/Employer_Branding_2006_Summary.pdf (Stand: 03.03.2008).

o.V. (2006b): Was Mitarbeiter bewegt und Unternehmen erfolgreich macht, Towers Perrin Global Workforce Study: Deutschland, www.towersperrin.de (Stand: 04.03.2008).

o.V. (2007a): Das Deutsche Absolventenbaromter 2007: Business und Engineering Edition, Trendence Institut, www.trendence.com (Stand: 04.03.2008).

o.V. (2007b): Notengebung an Hochschulen weiterhin wenig differenziert, Pressemitteilung des Wissenschaftsrats über: Prüfungsnoten im Prüfungsjahr 2005 an Universitäten und Fachhochschulen nach ausgewählten Studienbereichen und Studienfächern, http://www.wissenschaftsrat.de/presse/pm_1207.html (Stand: 05.07.08).

o.V. (2008a): EFS Conjoint Extension, Globalpark Enterprise Feedback Suite, Version 1.7, 27.03.2008, Globalpark GmbH.

o.V. (2008b): CampusReporter, http://de.campusreporter.net/studentenforum/ (Stand: 01.08.2008).

o.V. (2008c): communicate! Homepage, http://www.communicate-mainz.de/ubercommunicate/ (01.08.2008).

o.V. (2008d): Was verdienen Betriebswirtschaftler in ihrem ersten Job?, Hobsons – die Karriereschmiede, http://www.hobsons.de/de/ratgeberservi-ce/gehalt/gehaltstabellen/bwl-absolventen/ (Stand: 12.08.2008).

Olins, Wally (1978): The corporate personality: an inquiry into the nature of corporate identity, New York: Mayflower Books.

Osgood, Charles E.; Suci, George J.; Tannenbaum, Percy H. (1957): The measurement of meaning, Illinois: Univ. of Illinois Press.

Osgood, Charles E.; Suci, George J.; Tannenbaum, Percy H. (1978): The Measurement of Meaning, 4. print., Illinois: Univ. of Illinois Press.

Pepels, Werner (1995): Käuferverhalten und Marktforschung: eine praxisorientierte, Stuttgart: Schäffer-Poeschel.

Pepels, Werner (2001): Kommunikations-Management: Marketing-Kommunikation vom Briefing bis zur Realisation, 4., vollst. überarb. und erw. Aufl., Stuttgart: Schäffer-Poeschel.

Plünnecke, Axel (2004): Akademisches Humankapital in Deutschland: Potenziale und Handlungsbedarf, in: IW-Trends: Vierteljahresschrift zur empirischen Wirtschaftsforschung, Institut der deutschen Wirtschaft Köln, Heft 2.

Petkovic, Mladen (2007): Employer Branding – Ein markenpolitischer Ansatz zur Schaffung von Präferenzen bei der Arbeitgeberwahl, Hochschulschriften zum Personalwesen, Band 37, München und Mering: Rainer Hampp Verlag.

Pflaum, Dieter; Bäuerle, Ferdinand; Laubach, Karen (2002): Lexikon der Werbung, 7., überarb. und aktualisierte Aufl., München: Verl. Moderne Industrie.

Picot, Arnold ; Dietl, Helmut ; Franck, Egon (2002): Organisation : eine ökonomische Perspektive, 3., überarb. u. erw. Aufl., Stuttgart: Schäffer-Poeschel.

Porter, Michael E. (1996): What is a strategy?, in: Harvard Business Review, Nov/Dec, pp. 61-78.

Powell, Gary N. (1991): Applicant reactions to the initial employment interview: Exploring theoretical and methodological issues, in: Personnel Psychology, Vol. 44, pp. 67-84.

Proff, Heike (1998): Mikroökonomische Wurzeln eines strategischen Managements zwischen Markt- und Ressourcenorientierung, in: Proff, Heike (Hrsg.): Strategien für die Automobilindustrie: Ansatzpunkte im strategischen Management und in der Industriepolitik, Wiesbaden: Gabler, S. 23-45.

Raffée, Hans; Wiedmann, Klaus-Peter (1989): Strategisches Marketing, 2. Aufl., ungekürzte Sonderausgabe, Stuttgart: Poeschel.

Rastetter, Daniele (1996): Personalmarketing, Bewerberauswahl und Arbeitsplatzsuche: 24 Tabellen, Stuttgart: Enke.

Reinberg, Alexander; Hummel, Markus (2003): Steuert Deutschland langfristig auf einen Fachkräftemangel zu?, in: IAB Kurzbericht, Ausgabe Nr. 9, 07.07.2003.

Reiners, Wolfram (1996): Multiattributive Präferenzstrukturmodellierung durch die Conjoint Analyse: Diskussion der Verfahrensmöglichkeiten und Optimierung von Paarvergleichsaufgaben bei der adaptiven Conjoint Analyse, Psychologie Bd.27, LIT Verlag.

Richey, R. Glenn; Sablynski, Chris J.; Tokkman, Mert; Wheeler, Anthomy R. (2006): Retaining employees for service competency: The role of corporate brand identity, in: Journal of Brand Management, Vol. 14 (march), pp. 96-113.

Richter, Rudolf; Furubotn, Eirik G. (1999): Neue Institutionenökonomik: eine Einführung und kritische Würdigung, 2., durchges. und erg. Aufl., Tübingen: Mohr Siebeck.

Ritson, Mark (2002): Marketing and HR collaborate to harness employer brand power, in: Marketing, 10/24/2002, p. 18.

Rosenberg, Morris (1979): Conceiving the self, New York: Basic Books.

Rosenberg, M. J.; Hovland; C. I. (1960). Cognitive, affective and behavioural components of attitudes, in: Rosenberg, M. J.; McGuire, W. J.; Abelson, R. P.; Brehm, J. W. (eds.): Attitude organization and change, New Haven: Yale Univ. Press.

Sandrock, M. (1998): Emotionen als Erinnerungsverstärker: Markenmanagement by British Airways, in: Tomczak, T.; Schögel, M.; Ludwig, E. (Hrsg.): Markenmanagement für Dienstleistungen, St. Gallen: Thexis, S. 212-221.

Schein, Edgar H. (1985): Organizational culture and leadership, 1.ed., 2.print., San Francisco: Jossey-Bass Publ..

Schimmelpfennig, Axel (2000): Structural change of the production process and unemployment in Germany, Kieler Studien, Nr. 307, Tübingen.

Schleiter, André; Armutat, Sascha (2004): Was Arbeitgeber attraktiv macht: Ergebnisse einer Wunschprofilerhebung bei potenziellen Bewerbern, Praxispapiere 4/2004, DGFP e.V. & Bertelsmann Stiftung.

Schmidtke, Cornelia (2002): Signaling im Personalmarketing: eine theoretische und empirische Analyse des betrieblichen Rekrutierungserfolges, Beiträge zur Personal- und Organisationsökonomik, München: Hampp.

Schneider, Benjamin; Goldstein, Harold W.; Smith, D.Brent (1995): The ASA framework: An update, in: Personnel Psychology, Vol. 48, No. 4, pp. 747-773.

Schneider, Frank (1991): Corporate-Identity-orientierte Unternehmenspolitik: eine Untersuchung unter besonderer Berücksichtigung von Corporate Design und Corporate Advertising, Heidelberg: Physica-Verl..

Scholz, Christian (2000): Personalmanagement: informationsorientierte und verhaltenstheoretische Grundlagen, Vahlens Handbücher der Wirtschafts- und Sozialwissenschaften, 5., neubearb. und erw. Aufl., München : Vahlen.

Schweiger, G. (1995): Image und Imagetransfer, in: Tietz, B.; Köhler, R.; Zentes, J.: Handwörterbuch des Marketing, 2. Aufl., Stuttgart: Schäfer-Poeschel, S. 915-928.

Simon, Hermann (1984): Die Attraktivität von Großunternehmen beim kaufmännischen Führungsnachwuchs, in: Zeitschrift für Betriebswirtschaft 54, Heft 4, S. 324-345.

Simon, Hermann; Wiltinger, Kai; Sebastian, Karl-Heinz; Tacke, Georg (1995): Effektives Personalmarketing: Strategien – Instrumente – Fallstudien, Wiesbaden: Gabler.

Sommer, Rudolf (1998): Psychologie der Marke: die Marke aus der Sicht des Verbrauchers, Frankfurt am Main: Dt. Fachverl..

Stauss, Bernd; Schulze Henning S. (1990): Internes Marketing, in: Marketing – ZFP, 12. Jg., Heft 3, S. 149-158.

Stuart, H. (2001): The Role of Employees in Successful Corporate Branding, in: Thexis, Nr. 4, pp. 48-50.

Sullivan, Dr. John (2004): Eight elements of a successful employment brand, in: ER Daily, 23 February, http://www.ere.net/2004/02/ (Stand: 09.11.2008).

Super, D. E. (1953): A theory of vocational development, American Psychologist, 8, pp. 185-190.

Süß, Martin (1996): Externes Personalmarketing für Unternehmen mit geringer Branchenattraktivität, München und Mering: Rainer Hampp.

Teichert, Thorsten (2000): Conjont-Analyse, in: Herrmann, Andreas; Homburg, Christian (Hrsg.): Marktforschung: Methoden, Anwendungen, Praxisbeispiele, 2. aktualisierte Aufl., Wiesbaden Gabler, S. 473-511.

Teichert, Thorsten (2001): Nutzenschätzung in Conjoint-Analysen : theoretische Fundierung und empirische Aussagekraft, 1. Aufl., Wiesbaden: Dt. Univ.-Verl..

Teichert, Thorsten, Sattler, Henrik; Völckner, Franziska (2008): Traditionelle Verfahren der Conjoint-Analyse, in: Hermann, Andreas; Homburg, Christian, Klarmann, Martin (Hrsg.): Handbuch Marktforschung: Methoden – Anwendungen – Praxisbeispiele, 3., vollst. überarb. und erw. Aufl., Wiesbaden: Gabler, S. S.651-686.

Teufer, Stefan (1999): Die Bedeutung des Arbeitgeberimage bei der Arbeitgeberwahl: Theoretische Analyse und empirische Untersuchung bei High Potentials, Wiesbaden Gabler.

Thurstone, L.L. (1931): The measurement of social attitudes, in: Journal of Abnormal and Social Psychology, Vol. 26, pp. 249-269.

Tolle, Elisabeth (1994): Informationsökonomische Erkenntnisse für das Marketing bei Qualitätsunsicherheit der Konsumenten, in: ZfbF, 46. Jg., S. 926-938.

Tom, Victor R. (1971): The Role of Personality and Organizational Images in the Recruiting Process, in: Organizational Behavior and Human Performance, Vol.6, pp. 573-592.

Trommsdorff, Volker (1975): Die Messung von Produktimages für das Marketing: Grundlagen und Operationalisierung, Köln: Heymanns.

Trommsdorff, Volker (1980): Image als Einstellung zum Angebot, in: Hoyos, C.G.: Grundbegriffe der Wirtschaftspsychologie, Kösel: München, S. 117-127.

Trommsdorff, Volker (1998): Konsumentenverhalten, 3., überarb. und erw. Aufl., Stuttgart: Kohlhammer.

Trommsdorff, Volker (2002): Konsumentenverhalten, 4., überarb. und erw. Aufl., Stuttgart: Kohlhammer.

Trommsdorff, Volker (2003): Konsumentenverhalten, 5. Aufl., Stuttgart: Kohlhammer.

Turban, Daniel B.; Cable, Daniel M. (2003): Firm reputation and applicant pool characteristics, in: Journal of Organizational Behavior, Vol. 24, pp. 733-751.

Turban, Daniel B.; Forret, Monica L.; Hendrickson, Cheryl L. (1998): Applicant Attraction to Firms: Influences of Organization Reputation, Job and Organizational Attributes, and Recruiter Behaviors, in: Journal of Vocational Behavior, Vol. 52, pp. 24-44.

Turban, Daniel B.; Greening, Daniel W. (1996): Corporate social performance and organizational attractiveness to prospective employees, in: Academy of Management Journal, Vol. 40 No.3, pp. 658-672.

Ulrich, Peter; Fluri, Edgar (1995): Management: eine konzentrierte Einführung, 7., verb. Aufl., Bern: Haupt.

Vroom, V. H. (1964): Work and Motivation, New York: Wiley.

Walsh, Jennifer (1998): HR managers set to drive through big McMakeover.Preview, in: People Management, 10/01/98, Vol. 4 Issue 19, p.16.

Wehr, Alexander W. (2001): Imagegestaltung in der Automobilindustrie: eine kausalanalytische Untersuchung zur Quantifizierung von Imagetransfereffekten, 1. Aufl., Wiesbaden: Dt. Univ.-Verl..

Weiber, Rolf; Adler, Jost (1995): Informationsökonomisch begründete Typologisierung von Kaufprozessen, in: ZfbF, 47, S. 43-65.

Weidenfeld, Werner (1983): Die Identität der Deutschen, Schriftenreihe der Bundeszentrale für Politische Bildung 200, Bonn: Bundeszentrale für Politische Bildung.

Weis, Michaela; Huber, Frank (2000): Der Wert der Markenpersönlichkeit: das Phänomen der strategischen Positionierung von Marken, Wiesbaden: Gabler.

Wheeler, Anthony R.; Richey, R. Glenn; Tokkman, Mert; Sablynski, Chris J. (2006): Retaining employees for service competency: The role of corporate brand identity, in: Brand Management, Vol. 14, pp. 96-113.

Wiese, Dominika (2005): Employer Branding: Arbeitgebermarken erfolgreich aufbauen, Saarbrücken: VDM Verlag.

Williamson, Oliver E. (1990): Die ökonomischen Institutionen des Kapitalismus: Unternehmen, Märkte, Kooperationen, Tübingen: Mohr.

Wiltinger, Kai (1997): Personalmarketing auf Basis von Conjoint-Analysen, in: ZfB-Ergänzungsheft 3, Wiesbaden Gabler, S. 55-79.

Wittke-Kothe, Cornelia (2001): Interne Markenführung: Verankerung der Markenidentität im Mitarbeiterverhalten, 1. Aufl., Wiesbaden: Gabler.

Zaugg, Robert J. (2002): Mit Profil am Arbeitsmarkt agieren, in: Personalwirtschaft, Heft 2, S. 13-18.

Anhang

A) Fragebogen

Umfrage

9%

Wie interessant erachten Sie die folgenden Ausprägungen des Merkmals *Aufgabenbereich* bei der Suche nach Ihrem potentiellen Arbeitgeber?

	uninteressant				sehr interessant
routinierter und standardisierter Aufgabenbereich	○	○	○	○	○
abwechslungsreicher, kreativer, herausfordernder Aufgabenbereich	○	○	○	○	○

Weiter

Anh. Abb. 4.2: ACA - Phase 2

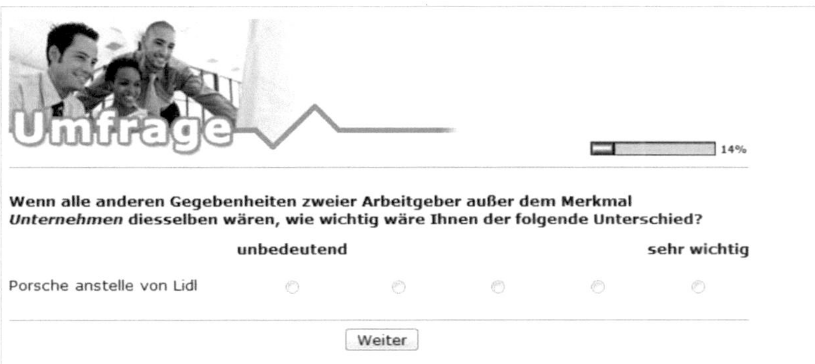

Umfrage

14%

Wenn alle anderen Gegebenheiten zweier Arbeitgeber außer dem Merkmal *Unternehmen* diesselben wären, wie wichtig wäre Ihnen der folgende Unterschied?

	unbedeutend				sehr wichtig
Porsche anstelle von Lidl	○	○	○	○	○

Weiter

Anh. Abb. 4.3: ACA – Phase 3

26%

Welchen der Arbeitgeber würden Sie bevorzugen, wenn sich diese nur in den folgenden Merkmalen unterscheiden würden?

Jobangebot 1	3	2	1	0	1	2	3	Jobangebot 2
Lidl								Nestle
abwechslungsreicher, kreativer, herausfordernder Aufgabenbereich	○	○	○	○	○	○	○	routinierter und standardisierter Aufgabenbereich
regelmäßige Weiterbildungsmaßnahmen								kaum Weiterbildungsmaßnahmen
36500€								34000€

Weiter

Anh. Abb. 4.4: ACA - Phase 4

51%

Wie beurteilen Sie die Attraktivität des jeweiligen Arbeitgebers hinsichtlich des Faktors "Arbeitsklima"?
In der Skala steht 1 für "unattraktiv" und 5 für "sehr attraktiv"

	1	2	3	4	5
Nestle	○	○	○	○	○
Porsche	○	○	○	○	○
Lidl	○	○	○	○	○

Wie beurteilen Sie die Attraktivität des jeweiligen Arbeitgebers hinsichtlich des Faktors "Unternehmenskultur"?
In der Skala steht 1 für "unattraktiv" und 5 für "sehr attraktiv"

	1	2	3	4	5
Porsche	○	○	○	○	○
Lidl	○	○	○	○	○
Nestle	○	○	○	○	○

Wie beurteilen Sie die Attraktivität des jeweiligen Arbeitgebers hinsichtlich des Faktors "Karrierechancen"?
In der Skala steht 1 für "unattraktiv" und 5 für "sehr attraktiv"

	1	2	3	4	5
Lidl					
Nestle					
Porsche					

Wie beurteilen Sie die Attraktivität des jeweiligen Arbeitgebers hinsichtlich des Faktors "Einkommen"?
In der Skala steht 1 für "unattraktiv" und 5 für "sehr attraktiv"

	1	2	3	4	5
Porsche					
Nestle					
Lidl					

Wie beurteilen Sie die Attraktivität des jeweiligen Arbeitgebers hinsichtlich des Faktors "Weiterbildungsmaßnahmen"?
In der Skala steht 1 für "unattraktiv" und 5 für "sehr attraktiv"

	1	2	3	4	5
Lidl					
Nestle					
Porsche					

Wie beurteilen Sie die Attraktivität des jeweiligen Arbeitgebers hinsichtlich des Faktors "Ansehen in der Öffentlichkeit"?
In der Skala steht 1 für "unattraktiv" und 5 für "sehr attraktiv"

	1	2	3	4	5
Nestle					
Porsche					
Lidl					

Wie beurteilen Sie die Attraktivität des jeweiligen Arbeitgebers hinsichtlich des Faktors "Aufgabenbereich"?
In der Skala steht 1 für "unattraktiv" und 5 für "sehr attraktiv"

	1	2	3	4	5
Lidl					
Porsche					
Nestle					

Weiter

Anh. Abb. 4.5: Imagemessung

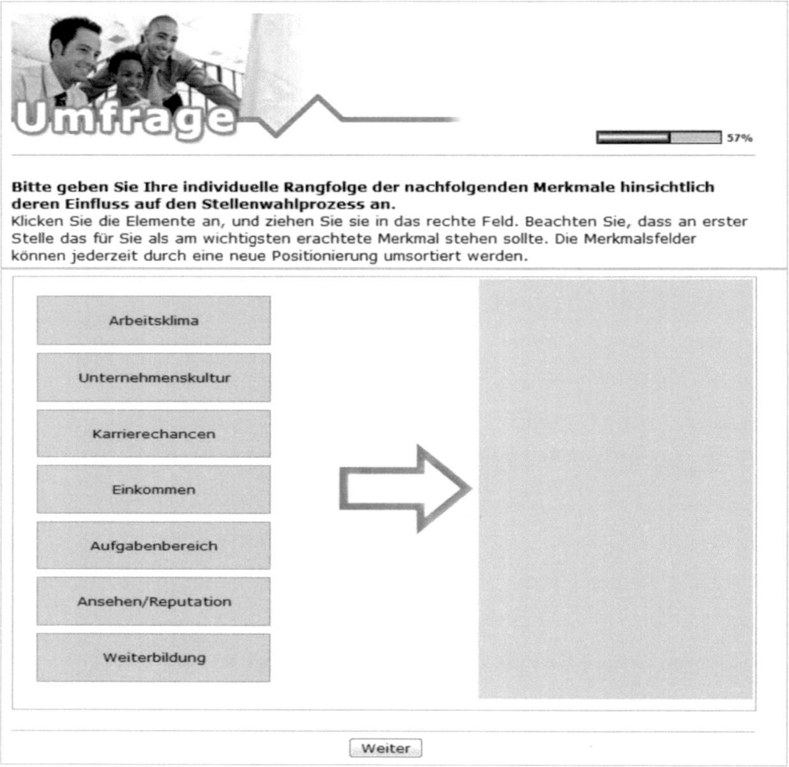

Anh. Abb. 4.6: Rangreihung

Nehmen Sie anhand der folgenden Gegensatzpaare eine Bewertung der jeweiligen Arbeitgeber vor. Dabei geht es ausschließlich um Ihre persönliche Einstellung gegenüber dem Unternehmen als ein für Sie potentieller Arbeitgeber, nicht um eine allgemeine Bewertung des Unternehmens. Empfinden Sie als Paar als ungeeignet für die Bewertung eines Arbeitgebers, dann setzen Sie Ihr Kreuz in die Mitte der Skala.

Wie beurteilen Sie das Unternehmen Lidl in seiner Rolle als Arbeitgeber?

	Sehr Zutreffend			weder noch			sehr zutreffend	
Gut	○	○	○	○	○	○	○	Schlecht
Unklug	○	○	○	○	○	○	○	Klug
Positiv	○	○	○	○	○	○	○	negativ
Bedeutend	○	○	○	○	○	○	○	unbedeutend
Nicht wünschenswert	○	○	○	○	○	○	○	wünschenswert
überlegen	○	○	○	○	○	○	○	unterlegen
Unbefriedigend	○	○	○	○	○	○	○	Befriedigend
Sympathisch	○	○	○	○	○	○	○	unsympathisch
Wertlos	○	○	○	○	○	○	○	wertvoll

Wie beurteilen Sie das Unternehmen Porsche in seiner Rolle als Arbeitgeber?

	Sehr Zutreffend			weder noch			sehr zutreffend	
Gut	○	○	○	○	○	○	○	Schlecht
Unklug	○	○	○	○	○	○	○	Klug
Positiv	○	○	○	○	○	○	○	negativ
Bedeutend	○	○	○	○	○	○	○	unbedeutend
Nicht wünschenswert	○	○	○	○	○	○	○	wünschenswert
überlegen	○	○	○	○	○	○	○	unterlegen
Unbefriedigend	○	○	○	○	○	○	○	Befriedigend
Sympathisch	○	○	○	○	○	○	○	unsympathisch
Wertlos	○	○	○	○	○	○	○	wertvoll

Wie beurteilen Sie das Unternehmen Nestle in seiner Rolle als Arbeitgeber?

	Sehr Zutreffend			weder noch			sehr zutreffend	
Gut	○	○	○	○	○	○	○	Schlecht
Unklug	○	○	○	○	○	○	○	Klug
Positiv	○	○	○	○	○	○	○	negativ
Bedeutend	○	○	○	○	○	○	○	unbedeutend
Nicht wünschenswert	○	○	○	○	○	○	○	wünschenswert
überlegen	○	○	○	○	○	○	○	unterlegen
Unbefriedigend	○	○	○	○	○	○	○	Befriedigend
Sympathisch	○	○	○	○	○	○	○	unsympathisch
Wertlos	○	○	○	○	○	○	○	wertvoll

Anh. Abb. 4.7: Pretest

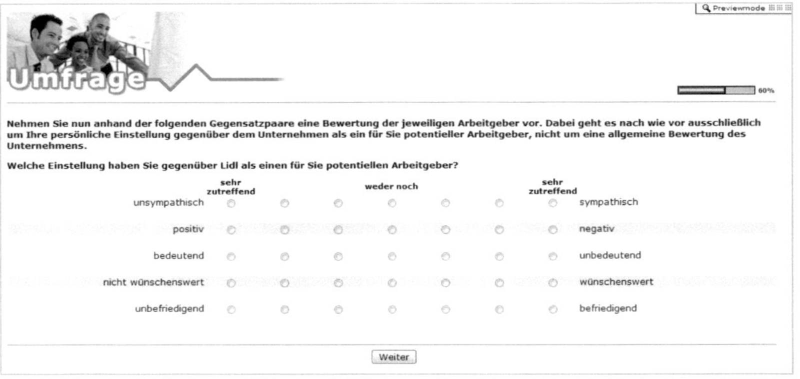

Previewmode

Umfrage

60%

Nehmen Sie nun anhand der folgenden Gegensatzpaare eine Bewertung der jeweiligen Arbeitgeber vor. Dabei geht es nach wie vor ausschließlich um Ihre persönliche Einstellung gegenüber dem Unternehmen als ein für Sie potentieller Arbeitgeber, nicht um eine allgemeine Bewertung des Unternehmens.

Welche Einstellung haben Sie gegenüber Lidl als einen für Sie potentiellen Arbeitgeber?

	sehr zutreffend			weder noch			sehr zutreffend	
unsympathisch	○	○	○	○	○	○	○	sympathisch
positiv	○	○	○	○	○	○	○	negativ
bedeutend	○	○	○	○	○	○	○	unbedeutend
nicht wünschenswert	○	○	○	○	○	○	○	wünschenswert
unbefriedigend	○	○	○	○	○	○	○	befriedigend

Weiter

Anh. Abb. 4.8: Einstellungsmessung

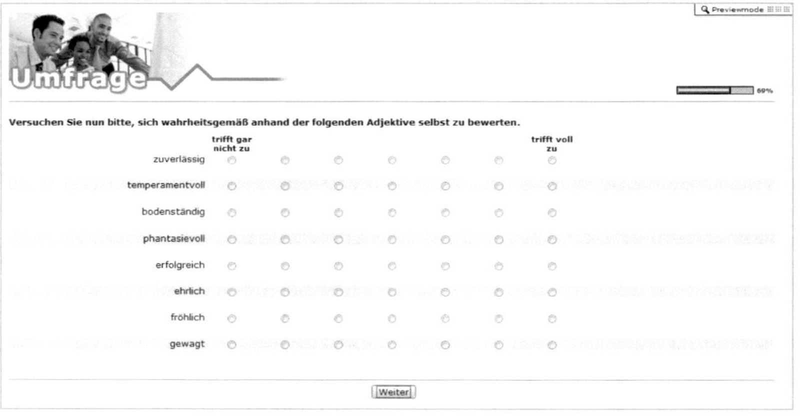

Previewmode

Umfrage

69%

Versuchen Sie nun bitte, sich wahrheitsgemäß anhand der folgenden Adjektive selbst zu bewerten.

	trifft gar nicht zu						trifft voll zu
zuverlässig	○	○	○	○	○	○	○
temperamentvoll	○	○	○	○	○	○	○
bodenständig	○	○	○	○	○	○	○
phantasievoll	○	○	○	○	○	○	○
erfolgreich	○	○	○	○	○	○	○
ehrlich	○	○	○	○	○	○	○
fröhlich	○	○	○	○	○	○	○
gewagt	○	○	○	○	○	○	○

Weiter

Anh. Abb. 4.9: Persönlichkeitsmessung

Previewmode

80%

Welche Quellen nutzen Sie, um sich über potentielle Arbeitgeber zu informieren?
Mehrfachauswahl möglich

- ☐ Praktika
- ☐ Freunde/Kommilitonen
- ☐ Seminare/Workshops
- ☐ Kontaktmessen
- ☐ Stellenanzeigen/Bewerberbroschüren
- ☐ Homepage des Unternehmens
- ☐ Jobbörsen (Monster, Jobpilot ...)
- ☐ Arbeitsamt
- ☐ Persönliche Erfahrungen z.B. als Kunde

Sie empfinden die vom Unternehmen zur Verfügung gestellten Informationen über deren Arbeitsgegebenheiten als

gar nicht ausreichend ○ ○ ○ ○ ○ ○ ○ vollkommen ausreichend

Weiter

Für welche Arbeitgeberfaktoren wünschen Sie sich ein umfassenderes Informationsangebot seitens der Unternehmen.
Mehrfachauswahl möglich

- ☐ Aufgabenbereich
- ☐ Einkommen
- ☐ Arbeitsklima
- ☐ Karrierechancen
- ☐ Unternehmenskultur
- ☐ Weiterbildungsmaßnahmen

Konnten Sie schon Einblicke in eines der Unternehmen in Form von Praktika, Assessment Center oder auch Unternehmensbesuchen gewinnen?

	ja	nein
Porsche	○	○
Lidl	○	○
Nestle	○	○

Weiter

Anh. Abb. 4.10: Informationsverhalten

86%

Geschlecht

- ○ weiblich
- ○ männlich

Wie alt sind Sie?

[ ]

Welchen Abschluss haben Sie bzw. streben Sie an?

- ○ Diplom
- ○ Berufsausbildung
- ○ Bachelor/Master
- ○ Mittlere Reife
- ○ Magister
- ○ Sonstiges
- ○ Abitur

Wieviel Berufserfahrung (z.B. Praktika, Werkstudententätigkeit oder Vollzeittätigkeit) konnten Sie bereits sammeln?

- ○ keine
- ○ bis zu 3 Monaten
- ○ bis zu 6 Monaten
- ○ bis zu einem Jahr
- ○ bis zu 2 Jahren
- ○ mehr als 2 Jahre

Informieren Sie sich momentan aktiv über potentielle neue Arbeitgeber?

○ Ja ○ Nein

Bewerben Sie sich momentan aktiv bei Unternehmen?

○ Ja ○ Nein

[Weiter]

Anh. Abb. 4.11: Demographische Daten

89%

Sind Sie Student?

- Ja
- Nein

Welchen Studiengang belegen Sie?

- Wirtschaftswissenschaften
- Ingenieurwesen
- Naturwissenschaften
- Geisteswissenschaften
- Rechtswissenschaften
- Sonstige

Im Vergleich zu anderen Studierenden beurteile ich meine Studienleistungen als

- unterdurchschnittlich
- durchschnittlich
- überdurchschnittlich
- Top 10 Prozent

Mit welcher Gesamtnote werden Sie Ihr Studium voraussichtlich abschließen?

Wieviel Zeit benötigen Sie noch bis zu Ihrem voraussichtlichen Studiumsende?

- 1 Semester
- 2-3 Semester
- 4-5 Semester
- mehr als 5 Semester

Weiter

Anh. Abb. 4.12: Zusatz: Studentenbefragung

B) Studienergebnisse

Alter		Studiengang		Bildung	
< 23	12,15%	Wirtschaftswissenschaften	58,70%	Diplom	47,51%
23-26	43,10%	Geisteswissenschaften	18,48%	Bachelor/Master	6,63%
27-32	23,76%	Naturwissenschaften	8,70%	Magister	16,02%
33-40	13,26%	Sonstiges	8,70%	Abitur	8,84%
> 40	7,73%	Ingenieurwesen	4,35%	Berufsausbildung	13,26%
		Rechtswissenschaften	1,09%	Mittlere Reife	5,52%
				Sonstiges	2,21%

Studiumsende		Studienleistungen (Einschätzung)		Voraussichtliche Endnote	
1 Semester	43,48%	**überdurchschnittlich**	39,78%	**1,0 bis 1,9**	35,80%
2-3 Semester	32,61%	**durchschnittlich**	37,63%	**2,0**	25,90%
4-5 Semester	14,13%	**Top 10**	13,89%	**2,1 bis 2,9**	27,10%
> 5 Semester	9,78%	**unterdurchschnittlich**	8,60%	**>2,9**	11,10%

Anh. Tab. 4.3: Stichprobenzusammensetzung

		Gesamt	Student	Infosuche
Weiter-bildungsmaßnahmen	kaum	16,87%	16,73%	17,70%
	regelmäßig	83,13%	83,27%	82,30%
	Relative Wichtigkeit	17,88%	17,95%	17,53%
Einkommen	34000	1,82%	1,63%	1,88%
	36500	4,76%	4,00%	4,76%
	39000	10,93%	11,30%	10,82%
	41500	22,14%	20,58%	22,05%
	44000	60,35%	62,49%	60,49%
	Relative Wichtigkeit	38,15%	38,75%	37,36%
Arbeitgeber	Porsche	60,46%	61,99%	61,06%
	Nestle	29,01%	28,23%	28,31%
	Lidl	10,53%	9,79%	10,62%
	Relative Wichtigkeit	20,43%	20,17%	20,38%
Aufgabenbereich	routiniert	12,92%	12,82%	10,25%
	kreativ	87,08%	87,18%	89,75%
	Relative Wichtigkeit	23,53%	23,12%	24,73%

Anh. Tab. 4.4: Ergebnisse der ACA

	Studenten (n=93)				Infosuche (n=100)			
	Porsche	Nestle	Lidl	Distanz	Porsche	Nestle	Lidl	Distanz
Arbeitsklima	3,7527	3,4301	2,1075	1,6452	3,82	3,43	2,15	1,67
Kultur	4,043	3,4301	1,9785	2,0645	4,06	3,44	2,21	1,85
Karrierechan-cen	3,7097	3,4946	2,6774	1,0323	3,69	3,44	2,88	0,81
Einkommen	3,9785	3,5269	2,6882	1,2903	4,08	3,55	2,82	1,26
Weiterbildung	3,5591	3,2688	2,5054	1,0537	3,62	3,32	2,67	0,95
Ansehen	4,3548	3,4624	1,8495	2,5053	4,47	3,62	1,93	2,54
Aufgaben-bereich	3,6559	3,4946	2,3333	1,3226	3,7	3,6	2,64	1,06
Mittelwert	3,8648	3,4439	2,3057	1,5591	3,92	3,4857	2,4714	1,4486

Anh. Tab. 4.6: Imagewerte für Studenten und Informationssuchende

	Gesamt (n=180)			Student (n=93)			Infosuche (n=100)		
	Porsche	Nestle	Lidl	Porsche	Nestle	Lidl	Porsche	Nestle	Lidl
positiv-negativ	5,44	4,89	3,09	5,51	4,91	2,91	5,68	5,07	3,22
bedeutend-unbe-deutend	5,55	4,98	3,65	5,59	4,99	3,43	5,91	5,12	3,66
sympathisch-unsympathisch	5,53	4,93	2,75	5,63	5,08	2,56	5,69	5,10	2,80
wünschenswert-nicht wün-schenswert	5,56	4,89	3,03	5,68	4,98	2,84	5,80	5,14	3,07
befriedigend-un-befriedigend	5,37	4,85	3,11	5,52	4,91	2,89	5,57	5,06	3,16
Mittelwert	5,49	4,91	3,13	5,59	4,97	2,93	5,73	5,10	3,18

Anh. Tab. 4.9: Einstellungswerte

Distanzen zur Gesamtstichprobe						
	Studenten			Informationssuchende		
	Porsche	**Nestle**	**Lidl**	**Porsche**	**Nestle**	**Lidl**
positiv-negativ	0,07	0,02	-0,18	0,24	0,18	0,13
bedeutend-unbedeutend	0,04	0,01	-0,22	0,36	0,14	0,01
sympathisch-unsympathisch	0,10	0,15	-0,19	0,16	0,17	0,05
wünschenswert-nicht wünschenswert	0,12	0,09	-0,19	0,24	0,25	0,04
befriedigend-unbefriedigend	0,15	0,06	-0,22	0,20	0,21	0,05
Mittelwert	0,10	0,06	-0,20	0,24	0,19	0,06

Anh. Tab. 4.10: Distanzen Einstellungswerte: Gesamtstichprobe vs. Studenten/Informationssuchende

Cronbachs Alpha Einstellungsmessung			
	Gesamtstichprobe	Studenten	Informationssuchende
Porsche	0,916	0,916	0,923
Nestle	0,876	0,849	0,904
Lidl	0,897	0,883	0,894

Anh. Tab. 4.11: Einstellungsmessung: Reliabilität

Informationsbedürfnis				Informationsquellen	
	Gesamt	Studenten	Infosuche		Prozent
Aufgaben	78,45	80,6	82,2	**Praktika**	50,28
Einkommen	61,33	65,6	61,4	**Freund/Kommilitonen**	71,82
Klima	55,8	55,9	51,5	**Seminare/Workshops**	14,92
Karriere	58,56	66,7	66,3	**Kontaktmessen**	28,73
Kultur	40,33	40,9	37,6	**Stellenanzeigen/ Bewerberbroschüren**	74,59
Weiterbildung	60,77	60,2	60,4	**Homepage des Unternehmens**	91,16
Infobedürfnis	355,24	369,9	359,4	**Jobbörsen**	55,25

Anh. Tab. 4.18: Informationsbedürfnis und Informationsquelle

2hm & Associates GmbH

Research. Consulting. Implementation.

Unser Ziel als erfolgreiche Strategie- und Managementberatung ist Wettbewerbsvorteile für unsere Kunden zu schaffen.

Dabei setzen wir auf unseren 360°-Beratungsansatz:

- hochwertige Marktforschung,
- belastbare Beratungsansätze und
- prozessorientierte Umsetzung.

Diese Qualität belegen wir durch einen hohen Stamm loyaler Kunden, preisgekrönte Methodeninnovationen, zahlreiche Veröffentlichungen und Beratungsprojekte auf allen 5 Kontinenten.

Unsere Referenzen (Auszug)

SAP · Abbott · Mercedes-Benz · OBI · Die Bahn DB · HELLA · Deutsche Bank

2hm & Associates GmbH
Breidenbacherstraße 8-10
D- 55116 Mainz

Fon: +49 6131-3716-60
Fax: +49 6131-3716-50

info@2hm.com
www.2hm.com